ウイスキー ハイボール大全

WHISKY HIGHBALL DICTIONARY

監修・著 いしかわ あさこ

STUDIO TAC CREATIVE

CONTENTS 目次

はじめに

ハイボールはカクテルであり、作り方のスタイル

ウイスキーをソーダで割った飲み物が「ハイボール」として定着していますが、広義にはその作り方のスタイルを指すことをご存知でしょうか。ウイスキーだけでなくジンやウォッカ、テキーラ、ラム、ブランデーといったスピリッツのほか、リキュールなどあらゆるお酒がベースとなり、割り材もプレーン・ソーダ（炭酸水）に限らずジンジャーエール、トニックウォーター、水やジュース類に至るまでさまざまなソフトドリンクが使われます。つまりジン・トニックやモスコー・ミュール、カンパリ・ソーダやスクリュードライバーも広義に解釈すれば“ハイボール”。ただ、本書では一般的に知られるウイスキー＋ソーダの組み合わせに着目し、シンプルだからこそ奥深い世界をご紹介していきます。

どうして ハイボールと呼ばれるのか

語源については諸説あり、有名なのがスコットランドのゴルフ場での出来事。ウイスキーをソーダで割って飲んでいた紳士のもとへ高々と打ち上げられたゴルフボールが飛んできて、思わず「ハイボールだ!」と口にしたのがそのまま名前になったとか。また、もうひとつが19世紀初頭のアメリカ鉄道でのこと。当時、ボール信号機と呼ばれるものがあって、柱から吊るされたボールが高い位置に上がれば「進め」、下がれば「止まれ」を指しました。高く上がるボールを見た駅員が「ハイボール!」とウイスキーのソーダ割りを飲みながら言ったとか、言わないとか。そのほか、ソーダの泡がグラスの中で上昇する様子からハイボールと名付けられたという説もあります。

日本ではいつ頃から飲まれているか

**発祥の地やお店にはさまざまな憶測や意見があり、
日本のどこでどのようにハイボールが飲まれるようになったか定かではありません。
そこで、100年以上の歴史を誇るハイボールの名店「サンボア」と、
寿屋（現・サントリー）の「トリスバー」を中心に、その歴史を振り返ってみましょう。**

現在も“氷なしハイボール”スタイルを貫く「サンボア」

タンブラーへ向かって角瓶ダブル（60ml）を大胆に入れ、ウィルキンソンの炭酸を瓶1本丸ごと垂直にドボドボッ、と注ぐ。ほぼ満たされたタンブラーに泡が立つと、レモンピールがかけられる……（※）。そんな光景が見られるサンボアは1918年（大正7年）、岡西繁一氏が神戸・花隈に「岡西ミルクホール」を開店したことから始まります。やがて洋酒を出すバーに業態変更をした1923年、北原白秋が編集していた文芸誌『朱欒（ザムボア）』から名前を取って「サンボア」に改称。なんでも、看板屋が頭文字の“Z”を裏返しに書いたため“S”になり、「ザ」ではなく「サ」と濁らなくなったのだとか。1925年には「北浜サンボア」「京都サンボア」が開店、その周辺を中心にサンボアグループが展開していきました。現存する最も歴史の長い店舗が京都サンボア、次に「堂島サンボア」、「北サンボア」「南サンボア」と続きます（次頁サンボア系図参照）。

冒頭でも述べたようにサンボアといえば氷なしのハイボールで有名ですが、恐らく当時の背景からして自然の流れだったのかもしれません。氷は材料を冷やすための貴重なもので、グラスの中に氷を入れることは贅沢とされていました。ハイボールは古くから飲まれていたようで、例えば古川緑波著『古川ロッパ昭

サンボアで10年以上修業した者のみに暖簾分けが許されている。

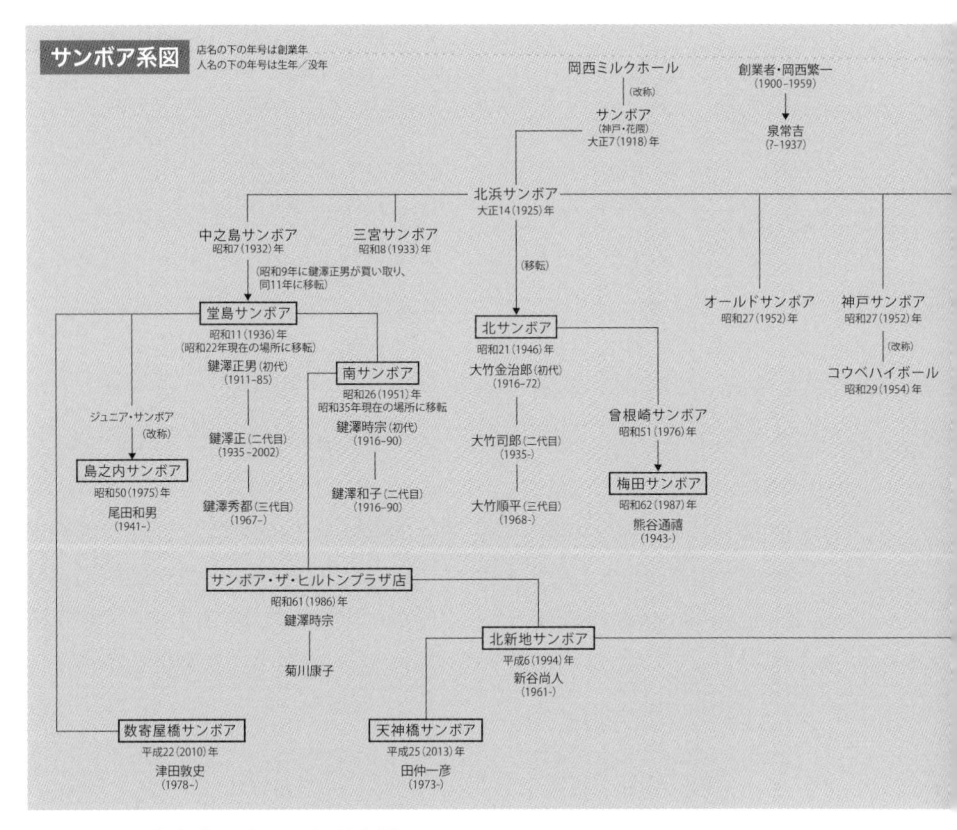

出典：新谷尚人著『バー「サンボア」の百年』(白水社)

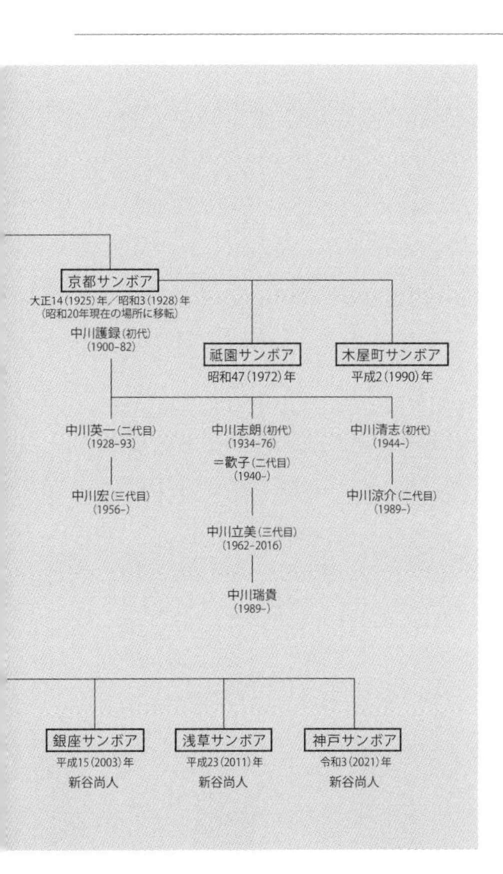

和日記』では、昭和13年11月17日（木）の日付で「サンボアへ呼び、ウイスキソーダでプロヂットする」とあります。きっと、これも“氷なしのウイスキソーダ”だったのでしょう。ほかの店で食事をした日記でも「ウイスキータンサン」「ウイスキソーダ」の表記が見られ、ハイボールは身近なものだったと思われます。

そして1952年（昭和27年）、「神戸サンボア」が開店。当初、京都サンボアの中川護録氏が切り盛りしていましたが、南サンボアの鍵澤時宗氏にわたり「コウベハイボール」と改称しています。これは景気が悪化した背景から、サンボアよりリーズナブルな店舗として始めるためでした。その後1954年に河村親一氏が受け継ぎ、テナントとして入居していた神戸朝日会館が改築のため取り壊しになる1990年まで営業を続けます。いつしか氷なしのハイボールが「コウベハイボール」「コウベスタイル」と呼ばれるようになりますが、そもそも当時はどこで飲んでもハイボールに氷が入ることはなかったはず。店名がひとり歩きしてしまったのかもしれません。

時は流れて、2003年に新谷尚人氏が「銀座サンボア」を開店したことにより東京進出、現在は大阪、京都、東京、神戸に15店舗を展開しています。

※ ハイボールのベースとなるウイスキーやレシピは、店舗によって異なる。

「トリスバー」がウイスキーの大衆化を牽引

終戦から8ヵ月後となる1946年(昭和21年)4月、トリスウイスキーが戦後はじめて発表されました。粗悪な密造酒「カストリ」(粕取り焼酎とは別物)や工業用アルコールを加熱処理して水で薄めた「バクダン」などがはびこっていた時代です。

「安くて品質の良いウイスキーをつくって、多くの人に飲んでもらえたら」

サントリーの前身・寿屋の創業者であり、初代マスターブレンダーの鳥井信治郎氏に、次男である佐治敬三氏が提案したことからトリスウイスキーの開発が始まりました。その後、品質にこだわりながら低価格のウイスキーを実現。モルトは戦禍を免れた山崎蒸溜所の原酒を使用しました。これが戦後のウイスキー普及に貢献し、売れ行きが良くなると共にモルト原酒の比率も上げていったそうです。

そして1950年5月、久間瀬巳之助氏により東京・池袋にトリスバー1号店が開店。先述の佐治氏に久間瀬氏が発案、具現化したバーです。庶民派ウイスキーのトリスに対して出世してから飲む酒の象徴であり、“ダルマ”などの愛称で呼ばれた「サントリーオールド」が発売されてから、1ヵ月後のことでした。

『私はスタンドバーをやりたい。しかもトリスハイボール1本。おつまみも塩まめだけ。均一価格70円』

5年も経つと「トリスバー」「サントリーバー」が東京、大阪を中心に各地で次々と開店します。ウイスキーのストレート40円、ハイボール50円、ジンフィズ100円といった価格で提供され、サラリーマンたちのオアシスとなりました。戦後の経済復興が進み、三種の神器といわれた白黒テレビ・洗濯機・冷蔵庫が徐々に普及し始める頃です。やがてトリスバーでウイスキーに慣れ親しんだ人たちが自宅でも愉しむようになり、ウイスキーは大衆のお酒として身近な存在になりました。

「トリス」「サントリー」を冠したスタンドバーは全国で35,000軒を超え、寿屋製品専売の「寿屋の洋酒チェーンバー」も一時は1,500軒ほどあったそうです。しかし、1960年代に最盛期を迎えたこれらのバーは徐々に勢いを失い、1983年をピークにウイスキー市場は急激に縮小しました。その後およそ25年もの間、ウイスキーの売り上げは低迷します。現在は、1955年に開店した静岡・伊東市の「トリスバー」や、その翌年に開店した大阪・十三の「十三トリスバー」など数えるほどですが、長きにわたり営業を続けています。

トリスウイスキーの広告キャラクター「アンクルトリス」。1958年、寿屋に在籍していたイラストレーター・柳原良平氏によって描かれ生まれた。名前はCMプランナーの酒井睦雄氏が考案。35〜40歳で独身、義理人情に弱くお人好しという設定で多くのサラリーマンに愛された。

海外旅行が庶民にとって夢のような話だった1961年、山口瞳氏によるキャッチコピー「トリスを飲んでHawaiiへ行こう!」は、同年の流行語になるほど話題を呼んだ。1964年の海外渡航自由化前だったため、1等賞品はハワイ旅行ではなく「ハワイ旅行積立預金証書」。当選者は毎月積み立てられた旅行資金で、自由化後にハワイへ旅立ったようだ。トリスウイスキー大瓶とデラックスに2枚、ポケット瓶に1枚、抽選券が付いていた。

開高健氏が生み出した名コピーはテレビCMにも流れ、アイ・ジョージ氏による作曲「人間らしくやりたいナ」がテイチクレコードからリリースされた。CMでは、アイ・ジョージ氏が歌い踊るのに合わせて、アンクルトリスも踊る姿が映っている。

2009年、再びハイボールがブームに

どうして、ウイスキーが飲まれなくなってしまったのか。

若年層が1杯目にビールを選ばなくなり、チューハイなどの低アルコール飲料が売れるようになった時代。そもそもウイスキーを飲んだことがない人も増えていました。サントリーは1990年代からDハイ（でっかいハイボールの略）、2000年代半ばには角瓶のハーフロック（ウイスキーと水を1：1の比率で作るオン・ザ・ロックス）と戦略を打ち出しましたが、思いのほか売り上げは伸びませんでした。そこで2008年の秋頃から仕掛けたのが、角瓶をベースにしたハイボール。それまでも仕掛けはしていたものの、ブランドを絞ったのは初めてでした。消費者モニターの意見から見えてきたのは、1：3～4というウイスキーとソーダの比率。1：2.5くらいの意見が多かった社内と異なり、消費者は飲みやすさを求めていたのです。

その後も既成概念にとらわれず、ジョッキでハイボールを飲むという新しいスタイルの提案から、誰が作っても美味しい一杯になるようハイボールタワーを設置したりと、地道にプロモーションを展開しました。

画像提供：サントリーイエノバ https://ieno-bar.suntory.co.jp/

「2軒目以降ではなく、1軒目で飲まれるように」「1日に3杯ハイボールが出るお店を100軒つくるより、1日に300杯出るお店を1軒つくろう」という発想から、ハイボールセミナーも開催。すると翌年6月頃からウイスキーの販売数が伸び始め、年末に向けて大ヒットします。リーズナブルな価格と消費者目線、バーボン樽中心の原酒で造ったドライな味わいの角がソーダとマッチしたことが大きかったのでしょう。ちなみに、名誉チーフブレンダー・輿水精一氏がもともと自宅で飲んでいたのも角瓶のハイボールだったそうです。

急激に販売数が伸びる中、次の課題は原酒の確保でした。予想を超える出荷に、生産が追い付かなくなってしまったのです。ウイスキーはすぐに造れるわけではなく、何年も熟成させなければなりません。一時のブームで終わらせず、ハイボールを市場に定着させたいという思いが「角ハイ」からトリスをベースにしたハイボール「トリハイ」に受け継がれ、家庭でも手軽に愉しめるハイボール缶の復活にもつながりました。

2011年にはハイボール専門の新業態「HIGHBALL BAR」の1号店が東京・新橋にオープンし、5連式ハイボールタワーと専用ディスペンサー、氷柱型の特製氷を使用した高品質のハイボールを提供するように。今やハイボールは大抵のお店でオンメニューされ、一軒目、一杯目にも飲まれるお酒となったのです。

東京・丸の内にある「ハイボールバー 東京駅 1923」。サントリーグループのダイナックが運営している。

ハイボール缶の歴史は寿屋から始まった

ステイオンタブ（かつてのプルタブ）を開けるだけで気軽に飲める缶入りアルコール飲料は、現在あらゆるお酒で種類豊富に次々と販売され、RTD（Ready To Drink）市場を活性化させています。そもそも、初めての缶入りハイボール「トリスウイスタン」が登場したのは1960年のこと。寿屋（現・サントリー）60周年記念商品として発売され、アルコール度数12%、180mlで価格は60円。CMには、柳原良平氏によるキャラクター・アンクルトリスが起用されました。実はその前に瓶詰ハイボールなるものがあったことは、あまり知られていないかもしれません。

トリスウイスタンは、発売からおよそ7年後に終売。2005年に「サントリー 角 SHOT」がリリースされるまで大きな動きはなく、ハイボール缶市場は拡大しませんでした。ところが先述のとおり、2009年からのハイボールブームによって市場が急激に伸長し、ウイスキーをソーダで割ったものだけでなくさまざまなフレーバーを使ったバラエティ豊かなハイボール缶が開発されています。

ハイボール缶にまつわる年表（サントリー編）

1937年	サントリーウイスキー12年もの角瓶 発売
1946年	トリスウイスキー 発売
1960年	缶入りハイボール「トリスウイスタン」発売
2005年	「サントリー 角 SHOT」発売
2009年	「角ハイボール 350ml缶」発売
2010年	「トリスハイボール缶」発売

1960年、寿屋60周年記念商品として発売された「トリスウイスタン」。テレビCMでは、駅のホームでトリスウイスタンが一杯に入った箱を肩から掛けた販売員が、電車の窓越しに立ち売りする姿が見られる。発車間際に駆けこんだアンクルトリスがトリスウイスタンを購入することができず、60円を手にしながら落ち込んでいる様子が愛らしい。

春は
ウイスタンの
独走です！
FIRST ESTABLISHED IN JAPAN
WHISKY DISTILLERS
Torys
WISTAN
TORYS HIGH BALL
KOTOBUKIYA LTD.
その味はもとより
あらゆる点で
便利なのが、評判です
缶入りトリスのハイボール
トリスウイスタン
ひとりで…
みんなで…
旅で…
ピクニックで…
洋酒の寿屋

飲みきりワンショットサイズの缶入りアルコール飲料。「ジンジャー」「コーラ」「トニック」「ソーダ」「ハーフロック」の5種類が発売された。各160ml、95円（税抜）で、アルコール度数は5%。ハーフロックのみ12%だった。

2009年10月、コンビニエンスストア限定で「角ハイボール　350ml缶」が発売された。これでハイボール人気に火が付き、その後500ml缶も発売。また、1937年10月8日に角瓶が発売されたことから、10月8日を「角ハイボールの日」として登録（日本記念日協会による記念日登録制度）している。

2010年9月、これまでのラインナップから刷新した「トリス＜エクストラ＞」と同製品を使用した「トリスハイボール缶」を発売。鏡板（ウイスキー樽のフタの部分）に杉材を使った杉樽原酒を使うなど、中身もデザインも変更した。

現在、角ハイは炭酸ガス圧をアップした角ハイボール缶(7%)とウイスキー「濃いめ」(9%)、トリハイはほんのりとしたレモン風味が愉しめるトリスハイボール缶(7%)と「おいしい濃いめ」(9%)、レモンをぎゅっと搾ったような酸味と甘みが感じられる「トリスハイボール缶<はじけるレモン>」(6%／期間限定品)といったラインナップ。さらに、バーボンウイスキー「ジムビーム」のハイボール缶(5%)も販売されている。

他メーカーもハイボール缶や飲み方の提案を

ハイボールが復活し、定着する前から他メーカーでもウイスキーの販売促進は行われていましたが、その動きが目立ち始めたのは2010年頃から。アサヒビールから「ブラックニッカクリアブレンド樽詰めハイボール(10L)」が販売され、これを使った氷点下(−2℃〜0℃)抽出技術による「フリージングハイボール」がお店で提供されるようになるなど、ハイボールがメニューに掲載されるようになりました。また、ジャパニーズウイスキーだけでなく、キリンビールから世界初となる「ホワイトホース ハイボール」が発売されたりと、市場は活況を呈します。ちなみに、アサヒビールによる初めてのハイボール缶は1998年3月に発売された「ブラック クリアブレンド&レモンソーダ(250ml／8度／150円)」でした。

おいしい
ハイボールのつくり方

ウイスキーにソーダを注ぐだけなら、どのように作っても
香りや味わいにさほど違いはないだろうと思うかもしれません。
でも、グラスの形状から氷の数、ウイスキーとソーダの比率、注ぎ方、
混ぜ方などで驚くほど口当たりは変わってきます。
少し工夫をすれば、どなたでも作ることができる
“おいしいハイボール”を試してみませんか?

取材協力：サントリー https://www.suntory.co.jp/

1. グラスへ氷を一杯に入れて、冷やす。

2. ウイスキー（10オンス=約300mlのグラスであれば、30mlほど）を注ぐ。

POINT

- かち割り氷のような、溶けにくい大ぶりの氷を使いましょう。
- 氷はグラスから頭が出るほど山盛りに！
- 可能であれば、ウイスキーは冷蔵庫または冷凍庫で冷やして。

3. マドラーで充分にかき混ぜてウイスキーを冷やし、減った分の氷を足す。

4. 冷やしたソーダをそっと注ぐ。

POINT

- ウイスキーとソーダの比率は、お好みで1：3〜4に。
- 混ぜすぎると水っぽくなるので、手早く。ウイスキーと氷を馴染ませ、希釈熱で香りを立たせることが目的です。
- ソーダを注ぐときは、氷に触れないようにしましょう。

5. マドラーをグラスに入れ、縦に1回混ぜる。

6. できあがり。

POINT

- 炭酸ガスが逃げないように、混ぜるのは 1 回だけ。
- 勢いよく混ぜると氷がぶつかり、チップが出てしまうので注意。
- シンプルなものほど丁寧に作ることで、味わいに格段と差が出ます。

ソーダの注ぎ方・混ぜ方で、ハイボールはもっとおいしくなる!

勢いよくソーダを注いだり、氷にあてたりしたときに、
炭酸が弱くなったり早く抜けてしまった経験はないでしょうか。
強炭酸のソーダが開発されているように、
シュワシュワとした泡の爽快感がソーダの魅力。
ここでは、なるべく炭酸が抜けないように注ぎ、
混ぜる方法をご紹介します。バースプーンがなければ、
マドラーで代用してください。

1. 氷にあてないようにソーダを注ぐ。

グラスの縁から、既に入っているウイスキーを目がけて静かにゆっくりと注ぎましょう。

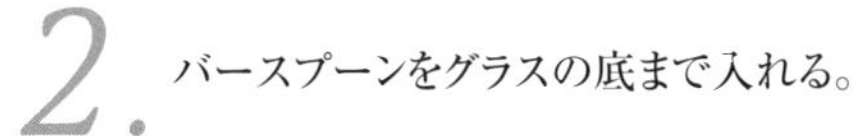

2. バースプーンをグラスの底まで入れる。

なるべく氷にあてないように、バースプーンをグラスの底まで入れます。入れる際には、グラスの縁を這わせるように。

3. 氷を持ち上げて、もとに戻す。

一番下にある氷を少し持ち上げたら、もとに戻します。ソーダはウイスキーより比重が重く、注いだ時から混ざり始めるため、それほど混ぜる必要はありません。

4. そのままバースプーンを引き抜く。または、静かにバースプーンを半回転させる。

ソーダを注いだ後は、混ぜ過ぎに注意。ただ、半回転ほど軽く混ぜることで、ウイスキーとソーダが均等に混ざります。

ハイボールの風味を引き立てる材料と手法

自分好みのおいしいハイボールを作れるようになったら、“ちょい足し”でアレンジを愉しんでみましょう。普段、自宅にあるような身近な材料でハイボールの風味を引き立てることができます。ベースとなるウイスキーの香りを嗅いだり、メーカーのサイトなどでその特徴を調べてどんな素材が合うのか考えてみるのも面白いですね。

●ピールをかける

グラスの縁より約30度ほど斜め下、4 ～ 5cm離れたところからピールをかけます。そうすることでピールの苦味成分がグラスに入らず、リモネンなどの精油がふわっと飛んで、心地よい香りだけが付くように。レモンやオレンジなどさまざまな柑橘類がありますが、「メーカーズマーク」はオレンジピールを軽くかけると華やかな香りがいっそう際立ちます。

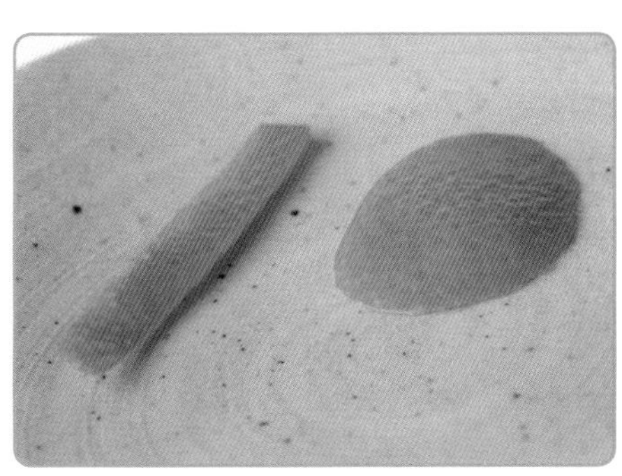

オレンジの表皮を切り取り（写真左：3～4cm×1cmの短冊形／写真右：直径2～3cmの円形）、裏側にある苦味・渋味成分が含まれている白い部分をそぎ落としましょう。取り過ぎると搾りにくくなるので、白い部分が少し残る程度に。

●ミントを添える

ハイボールにミントの葉を少量飾るだけで、見た目も香りも清々しくなりますよね。ミントは勢いよく潰したりひねったりすれば香りは立ちますが、徐々にえぐみが出てきます。軽くたたくか、葉脈をしごくようにして香りを出しましょう。「白州」がベースなら、白州の森の若葉のようなみずみずしい香りが広がり、まるで森林浴をしているかのような気分に。

ミントはザルなどに入れて、流水で軽く洗いましょう。少量しか使わない場合は、キッチンペーパーなどで包んでからビニール袋に入れて冷蔵庫へ。小分けにしてラップに包み、保存袋に入れて冷凍しても。

●果汁を搾る

角瓶のハイボール「角ハイ」が最初にレモンを“ちょいしぼ”するように、果汁がハイボールに入ることで酸味や甘味が加わり、いつもとはひと味違う一杯が出来上がります。基本的には果肉を下にして搾りますが、果肉を上にすると外果皮に含まれる油分が滴り、爽やかな香りに。レモンだけでなく、柚子や金柑など季節によって旬の果物を使うといろいろなアレンジが愉しめます。

レモンの両端（ヘタとその反対側）を切り落とし、縦半分にカットしたら、さらに縦4等分のくし形に切ります。白いワタが残っていたらそれを切り落とし、種を取り除きましょう。ワタを切り落とすと果汁が出やすくなり、種も取りやすくなります。

●生姜を添える

ジンジャーエールのように生姜のエキスを加えた飲み物は、爽やかでピリッと辛い風味がしますよね。すりおろす方法もありますが、シンプルに皮ごとスライスして添えるだけでハイボールのアクセントになります。「知多」のようなジャパニーズウイスキーなら、ほかに山椒や大葉、ミョウガなど和の素材で試してみても。

繊維に沿って、生姜を皮付きのままスライスしましょう。辛味成分の「ジンゲロール」など、皮の周りに栄養が多く含まれていますし、香りも強く出ます。生姜は皮付きのまま保存容器に入れて、全体がかぶるくらいの水を加えたら冷蔵庫の野菜室へ。1週間おきに水を替えれば、1ヵ月ほど保存可能です。

●グラスの縁に塩をつける

塩っぽい風味のあるウイスキーが、意外と多いのをご存知でしょうか。特にスコットランド・アイラ島のシングルモルトはスモーキーさが特徴で、海に囲まれているからか塩気を感じます。そのフレーバーを引き立たせる方法が、グラスの縁に塩をつけること。世界5大ウイスキーがブレンドされた「Ao」のハイボールなら、塩をつけることでスコッチ由来のスモーキーさをより深く味わえます。

まず、平皿に塩を薄く広げます。それからグラスの縁にカットしたレモンの断面をあてて濡らし、そのまま塩をつけましょう。一度グラスを起こすと果汁が流れてしまうので、塩は先に用意しておくのがポイントです。塩の結晶が小さすぎると、グラスにつけたときにすぐ溶けてしまうのと塩味を強く感じることがあるので、ある程度大きいものを選ぶことをお勧めします。

●アトマイザーで吹きかける

ハイボールの仕上げにアトマイザーでウイスキーを吹きかけると、香り豊かな余韻が続く一杯になります。ベースがブレンデッドウイスキーなら、キーモルトとなるシングルモルトを何種類か試してみても。丸みのあるタンブラーまたはワイングラスを使えば、風味をより愉しむことができます。吹きかける量はお好みですが、1～3回程度に。

アトマイザーは100均などで販売されていますが、口径が狭いとウイスキーを入れづらいのでやや広めのものを選びましょう。狭いものを選んでしまったら、スニフターグラスなどに入れたウイスキーをスポイトで吸い上げて、アトマイザーに移すと簡単です。

●ハイボールが愉しめるお店

樽材をふんだんに使用したバックバーには、今や貴重な国産ウイスキーが並ぶ。ハイボールに合うお料理として「鶏の唐揚げ ハイ・カラ」「自家製チーズの燻製」「ウイスキーボイスの"ポテトサラダ"」が定番の人気メニュー。10席のカウンター以外にテーブル席と半個室があり、ゆったりとウイスキーを愉しめる。

BAR INFORMATION

ウイスキーボイス 台場（MALTBAR WHISKEY VOICE）

東京都港区台場2-3-3 カトラリーハウスB1

Tel.03-3529-6381

営業時間
月～金11:30～14:30(LO.14:00)／17:00～23:00(LO.22:00)

定休日 土曜・日曜・祝日

席数 40

ウイスキーとは?

世界各国で造られているウイスキーは、それぞれの国で原料・製法・熟成年数などが定められています。一般的には「穀物を原料に、糖化・発酵・蒸溜を行い、木製の樽で熟成した蒸溜酒」と定義されていて、世界の5大ウイスキーといわれるスコッチ、アイリッシュ、アメリカン、カナディアン、ジャパニーズで比較してみると面白いかもしれません。スコッチウイスキーは、上記に「穀物原料由来の酵素で糖化する」「アルコール分94.8%未満で蒸溜する」「700リットル以下のオーク樽で最低3年以上熟成する」という条件が付加され、新しくウイスキーの製造を始めた蒸溜所の多くは、この条件に沿ってウイスキーを造っています。

ウイスキーの種類

大麦麦芽（モルト）のみを原料に造られる「モルトウイスキー」と、それ以外の穀物も原料にする「グレーンウイスキー」があり、これらをブレンドしたものが「ブレンデッドウイスキー」と呼ばれます。また、ひとつの蒸溜所だけで造られたモルトウイスキーを「シングルモルトウイスキー」といいます。

モルトウイスキー

大麦麦芽を糖化・発酵させた後、単式蒸溜器で蒸溜したウイスキー。複雑で豊かな風味を持ち、特にシングルモルトは各蒸溜所の環境（気候、仕込水、製法、樽、熟成など）によって個性の違いが愉しめる。
（原料）大麦麦芽

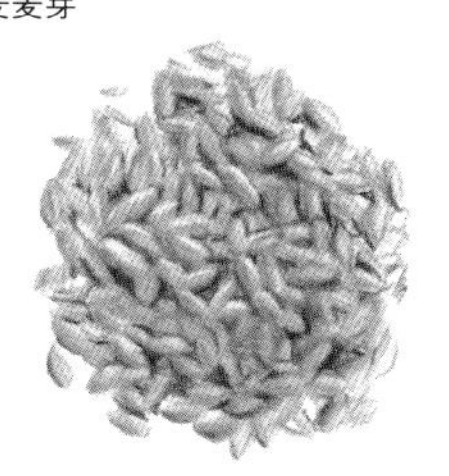

グレーンウイスキー

連続式蒸溜機で蒸溜するため、軽く穏やかですっきりとした味わいが特徴。多くはブレンデッドウイスキーのブレンド用として使われる。モルトウイスキーの強い個性を和らげ、飲みやすくする役割を担う。
（原料）小麦、ライ麦、トウモロコシ、大麦麦芽

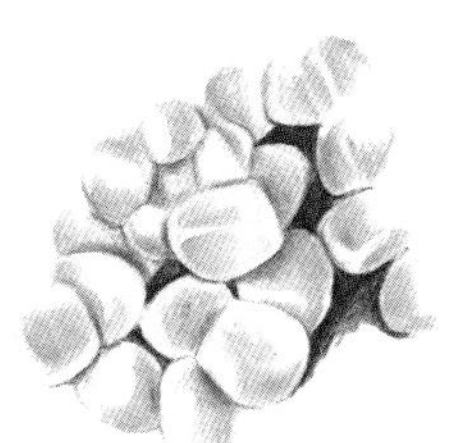

↓

ブレンデッドウイスキー

複数のモルトウイスキーとグレーンウイスキーをブレンドし、バランス良く飲みやすい風味に仕上げたウイスキー。スコッチウイスキーの約9割がこれに当てはまる。

単式蒸溜器と連続式蒸溜機

単式蒸溜器
原料を糖化・発酵させた後にできる発酵液「醪（モロミ）」を1回の蒸溜作業ごとに投入して行う、単式蒸溜に使われる銅製の容器。ポットスチルとも呼ばれる。通常は2回蒸溜し、さまざまな成分を回収するため複雑で個性の強い蒸溜酒になる。

連続式蒸溜機
醪を連続的に投入しながら蒸溜する連続式蒸溜に用いられる。蒸溜によってアルコール度数を90%以上まで高めるため香味成分が少なく、口当たりが滑らかでクセのない蒸溜酒になる。カフェスチル、パテントスチルとも呼ばれる。

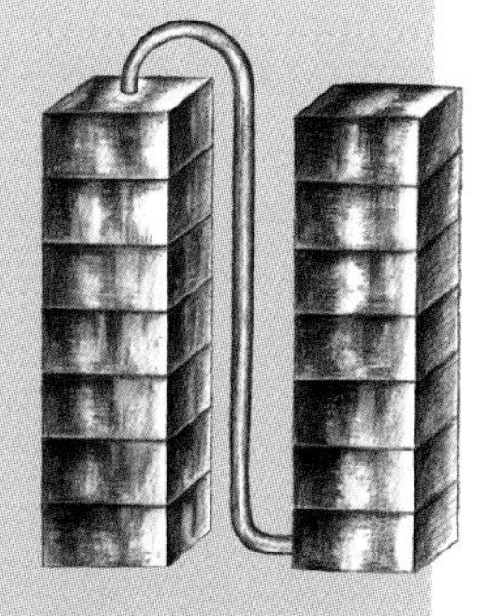

※大麦麦芽のみを原料に、連続式蒸溜機で蒸溜したウイスキーも存在する。

ウイスキーができるまで

主な原料は「穀物」「水」「酵母」

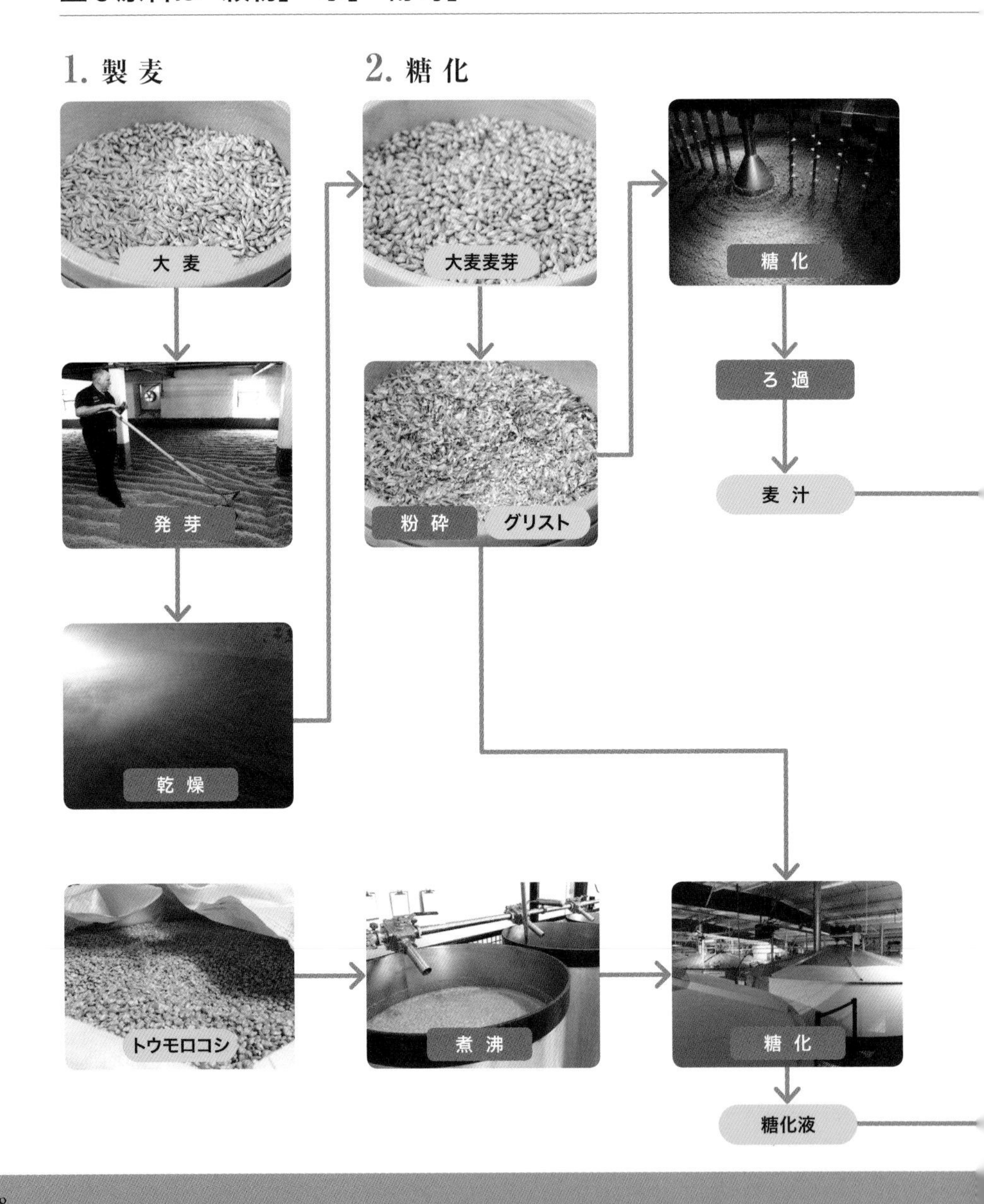

原料や製法、生産地によってウイスキーはいくつかのタイプに分かれますが、ここでは「モルトウイスキー」「グレーンウイスキー」「ブレンデッドウイスキー」ができるまでについてご紹介していきます。どのような工程を経て、ウイスキーは造られるのでしょうか。このページではウイスキー製造工程の流れを、そして次ページからは、各工程の詳細を解説します。

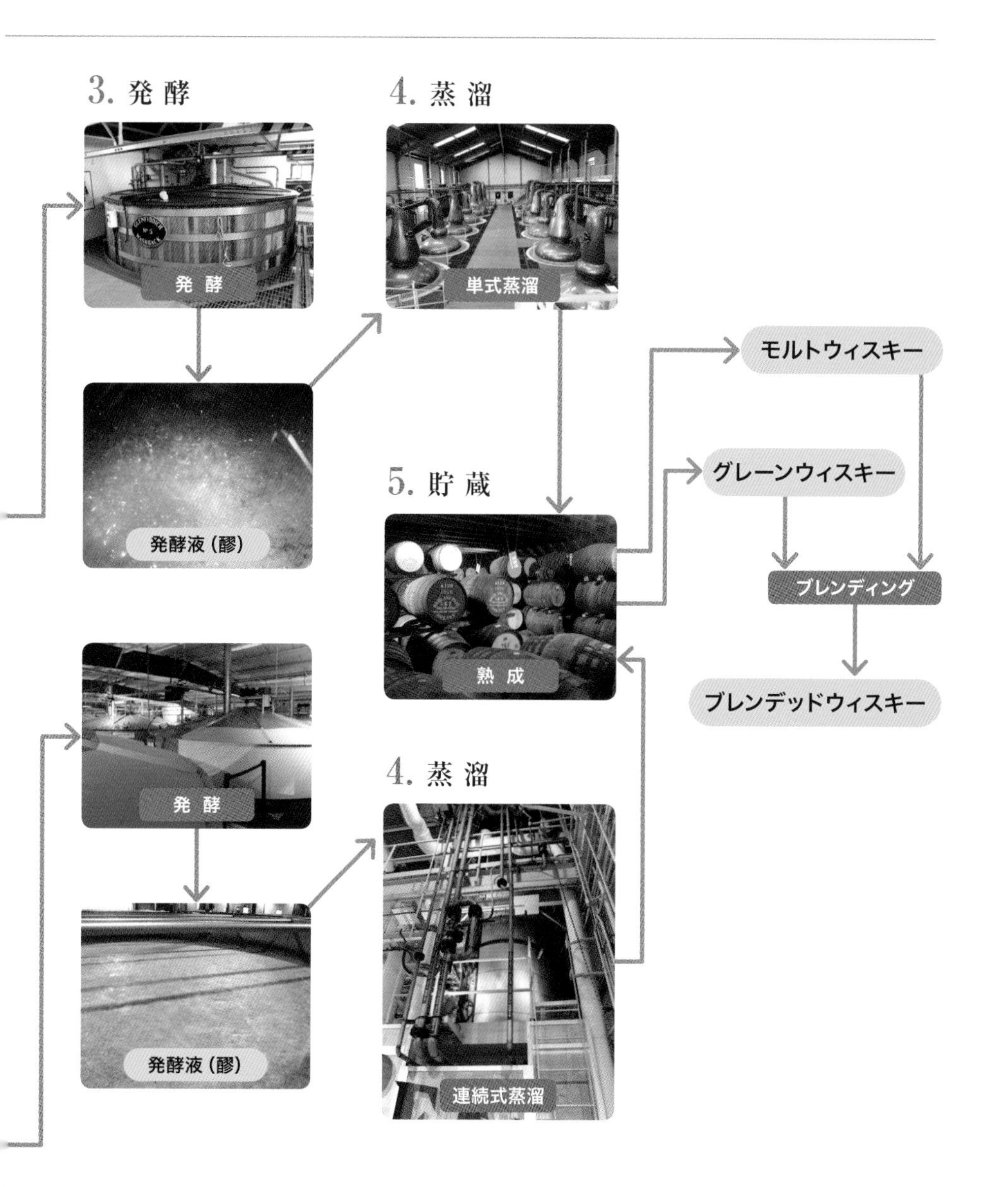

モルトウイスキー

原料

上から穂を見ると、2列に実がつく二条大麦が使われる。デンプンを多く含み、アルコールを効率的に生み出す品種の選定が重要。

製麦

大麦を水に浸けて発芽させ、デンプンを糖に変える。発芽が進み過ぎると糖分が失われてしまうため、途中で乾燥させて水分を取り除く。大麦が発芽して麦芽の状態になると「大麦麦芽(モルト)」と呼ばれる。

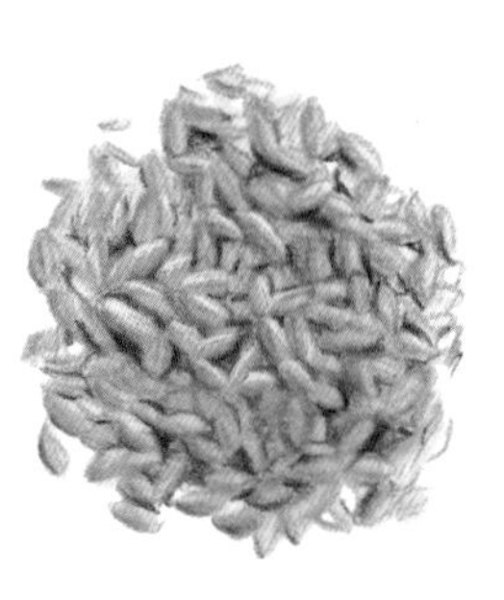

糖化

粉砕した麦芽を糖化槽に移し、お湯を加えてゆっくりと撹拌する。温度を上げながらこれを数回繰り返して、発酵に必要な糖液(麦汁)を得る。

発酵

冷却した糖液を発酵槽に移して、酵母を加える。酵母が糖を食べてアルコールと炭酸ガスに分解し、アルコール度数7〜9%の醪ができあがる。

蒸溜

醪を単式蒸溜器(ポットスチル)に移して加熱し、水とアルコールの沸点の違い(アルコールは約78.3度で沸騰)を利用して沸点の低いアルコールを先に蒸発させる。その蒸気を冷却して液体に戻し、アルコール濃度を高めるのが蒸溜の仕組みだ。基本的に、初溜と再溜の2回蒸溜を行う。

熟成

無色透明の蒸溜酒に水を加えてアルコール度数を60%台に落とし、樽に詰めて熟成する。使用する樽の種類や大きさ、配置によってウイスキーの風味や色合いは異なってくる。

ボトリング

熟成の環境によってウイスキーの個性が異なるため、通常は複数の樽の中身を混ぜる。それから加水してアルコール度数を40〜43%に落とし、ボトリングする。ひとつの樽のみからボトリングしたものは「シングルカスク」、加水せずにボトリングしたものは「カスクストレングス」と呼ばれる。

グレーンウイスキー

原料

トウモロコシ、小麦、ライ麦などが主な原料。それらを糖化する役割で大麦麦芽が使われる。

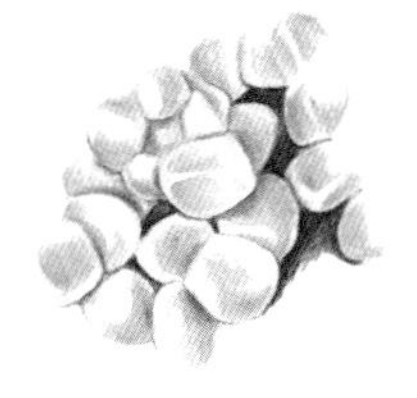

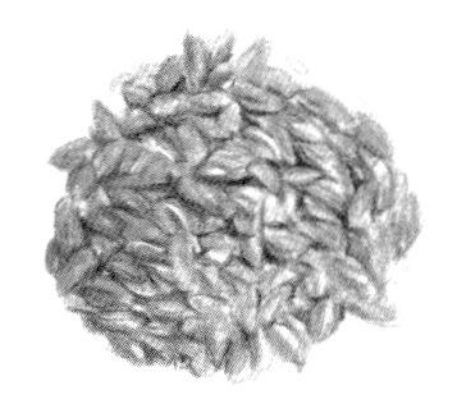

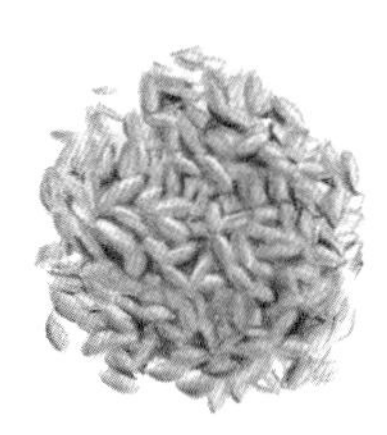

煮沸・糖化

粉砕した穀物とお湯を混ぜて、煮沸機(クッカー)で高温加熱する。その後、温度を下げてお湯と混ぜた麦芽を加え、糖化を行う。

発酵

冷却した糖液を発酵槽に移して、酵母を加える。発酵時間はモルトウイスキーよりやや長めで、アルコール度数8～11%の醪ができあがる。

蒸溜

醪を連続式蒸溜機で蒸溜し、アルコール度数90%以上の蒸溜液を得る。連続的に蒸溜できるため、生産効率が高い。

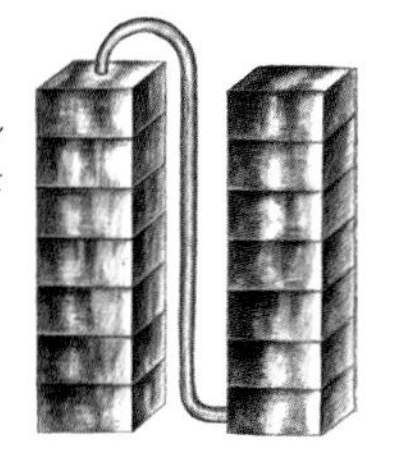

熟成

モルトウイスキーと同じようにアルコール度数を60%台に落とし、樽に詰めて熟成する。樽の成分が抽出されにくい古樽を使用することが多い。モルトウイスキーと比較すれば少量だが、長期熟成されるものもある。

ボトリング

グレーンウイスキーとして商品化することは少なく、大半はブレンド用に。滑らかで口当たりの良いブレンデッドウイスキーの風味に、大きな影響を与える重要な役割を担っている。

ブレンデッドウイスキー

ブレンド

ブレンダーが作るレシピをもとに、モルトウイスキーとグレーンウイスキーをそれぞれの樽からステンレス製のタンクに移してブレンドする。

熟成

タンクでブレンドした後にすぐボトリングする場合と、ブレンドした原酒を樽に戻して馴染ませる「後熟」の工程を経る場合がある。

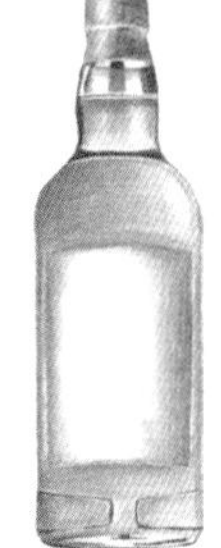

ボトリング

加水してアルコール度数を約40%に調整し、ボトリングする。

酒税法におけるウイスキーの分類

酒税法は酒類の製造や販売、酒税などについて定めた法律で、昭和28年に制定されました。その第2条において、酒類は「アルコール分1度以上の飲料」と定義されています。また、酒類は発泡性酒類、醸造酒類、蒸溜酒類、混成酒類の4つに分類されており、税率はこれらの分類に従って細かく決められています。ウイスキーは「蒸溜酒類」で、ジンや焼酎、ブランデーと同じ分類になりますが、原料や造り方の違いからそれぞれの酒類に分けられます。

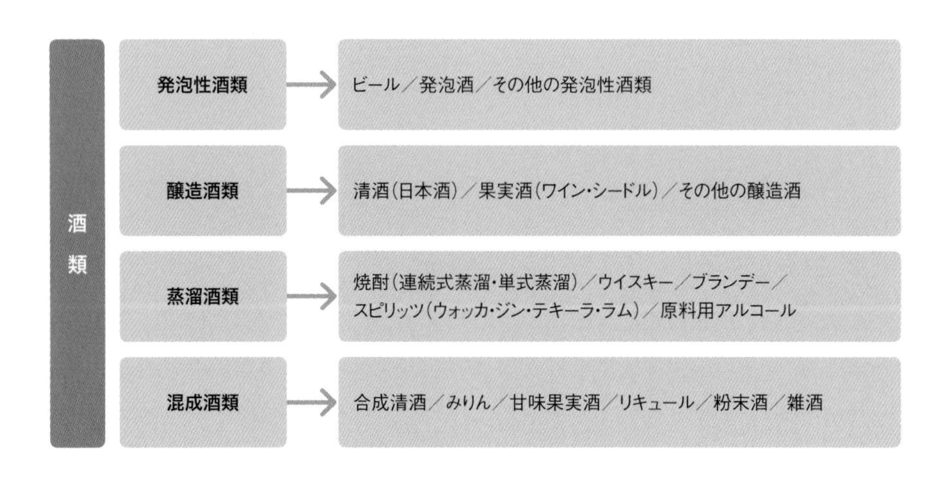

ウイスキーとその他の蒸溜酒類との違い

焼 酎

穀物を原料に樽熟成をしているが、麹菌の働きで糖化・発酵するためウイスキーではない。ただし、穀物を原料に樽熟成した蒸溜酒であればウイスキーといえる国もあるため、海外で焼酎がウイスキーとして流通している問題がある。

ブランデー

香りや色合いはウイスキーと似ているが、ブドウなどの果実を原料にしているところが異なる。

ウォッカ

多くの場合はアルコール度数を96%程度まで上げ、基本的には樽熟成をしないためウイスキーではない。

ジャパニーズウイスキーの定義

2000年代初頭より、世界的な酒類品評会「インターナショナル・スピリッツ・チャレンジ（ISC）」などで日本のウイスキーが次々と賞を受賞するようになりました。さらにハイボールでその人気が復活してから一気に需要が高まると、原酒不足といわゆる“日本産風”のウイスキーが国内外で徐々に問題視されます。海外で造られた原酒のみを使っていながら日本産と取り違えるラベルで販売したり、先述したように焼酎がウイスキーとして流通するといった事態は、そもそも“ジャパニーズウイスキーの定義”が定められていないからでした。

そこで日本洋酒酒造組合（※）が2021年4月1日から自主基準として制定したのが、「ウイスキーにおけるジャパニーズウイスキーの表示に関する基準」です。大枠を日本洋酒酒造組合の資料から抜粋すると、次のようになります。

原材料

原料は麦芽、穀類、日本国内で採水された水に限る（麦芽、穀類は外国産も可）こと。なお、麦芽は必ず使用しなければならない。

→麦芽の使用が必須なため、麹で糖化させた焼酎や泡盛を樽熟成したものはジャパニーズウイスキーとして販売できない

製造

糖化、発酵、蒸溜は、日本国内の蒸溜所で行うこと。なお、蒸溜の際の溜出時のアルコール分は95度未満とする。

→海外から輸入した原酒は使用できない

貯蔵

内容量700リットル以下の木製樽に詰め、当該詰めた日の翌日から起算して3年以上日本国内において貯蔵すること。

→熟成期間が3年に満たないものは認められない

瓶詰

日本国内において容器詰めし、充填時のアルコール分は 40 度 以上であること。

→海外でのボトリングはできない

※日本洋酒酒造組合

全国の酒類メーカー（サントリー、ニッカ、キリンといった大手から中小企業まで）が加盟する業界団体。組合で決められたことは実効性があり、業界内の要望をまとめて国に提出している。

5大ウイスキー

スコットランド(スコッチウイスキー)

世界中で最も広く知られ、飲まれているのがスコッチウイスキー。生産地はスペイサイド、ハイランド、ローランド、キャンベルタウン、アイラ、アイランズの6つに分けられ、様々な個性を持つシングルモルトが造られている。スコットランドでは蒸溜所間での原酒交換が一般的に行われており、多様な原酒をブレンドしたウイスキーが商品化されている。

代表的な銘柄
「ザ・グレンリベット」
「ザ・マッカラン」
「グレンモーレンジィ」
「ジョニーウォーカー」
「バランタイン」

アイルランド(アイリッシュウイスキー)

諸説あるが、ウイスキー発祥の地とされているアイルランド。スコッチが主に2回蒸溜するのに対して、アイリッシュは3回蒸溜し、繊細な甘みのあるスムーズな口当たりに仕上げている。スコッチウイスキーの綴りは"Whisky"だが、アイリッシュウイスキーは"Whiskey"。大麦麦芽と未発芽の大麦などを原料にした伝統的な「ポットスチルウイスキー」を製造してきた。

代表的な銘柄
「ブッシュミルズ」
「ジェムソン」
「カネマラ」
「レッドブレスト」
「ディーリング」

日本(ジャパニーズウイスキー)

日本で初めて本格的なウイスキーを製造したのは、鳥井信治郎氏が創設した山崎蒸溜所だ。鳥井氏が蒸溜技師として招致した竹鶴政孝氏がスコットランドへ留学したこともあり、日本のウイスキーはスコッチに近いといわれている。かつては蒸溜所が少なかったことから、スコッチのように原酒を交換するのではなく、ひとつの蒸溜所で多彩な原酒を造り分ける技術が確立された。しかし、最近では蒸溜所が増え、原酒交換をして新たなウイスキーを共同で開発するところも登場している。

代表的な銘柄
「白州」
「余市」
「富士山麓」
「イチローズモルト」
「響」

世界的なウイスキー生産国として知られているスコットランド、アイルランド、アメリカ、カナダ、日本の5ヵ国で造られるウイスキーは「5大ウイスキー」と呼ばれ、その技術や品質、生産量などで高い評価を受けています。近年ではマイクロディスティラリー（小規模蒸溜所）も次々と稼働し始め、世界中でバラエティに富んだウイスキーが生まれています。

カナダ（カナディアンウイスキー）

禁酒法時代に生産数を伸ばし、その後もアメリカで広く浸透したカナディアンウイスキーは、5大ウイスキーの中で最もライトな味わいが特徴。トウモロコシなどを主原料にアルコール度数90%以上で蒸溜した「ベースウイスキー」と、ライ麦やトウモロコシなどを原料にアルコール度数60～70%で蒸溜した「フレーバリングウイスキー」を混ぜたブレンデッドウイスキーが主に流通している。

代表的な銘柄

「カナディアンクラブ」
「クラウン ローヤル」
「カナディアンミスト」

アメリカ（アメリカンウイスキー）

最も有名なのがバーボンウイスキーで、ほとんどがケンタッキー州で造られている。バーボンと呼称するには、「原料の51%以上がトウモロコシ」「内側を焦がした新樽にアルコール分62.5%以下で樽詰めし、熟成」などの基準を満たすことが必要だ。そのほか、原料によってライ（原料の51%以上がライ麦）、ウィート（原料の51%以上が小麦）、コーン（原料の80%以上がトウモロコシ）に分類される。

代表的な銘柄

「ジムビーム」
「アーリータイムズ」
「フォアローゼズ」
「I.W.ハーパー」
「ジャックダニエル」

ハイボールに向くウイスキー 向かないウイスキー

ウイスキーを炭酸で割ると、その風味が良くも悪くも引き出されます。香りが開いて新しい魅力のある一杯になったり、渋味が出てきて飲みづらくなってしまったり。では、ハイボールに向くのはどのようなウイスキーでしょうか？　後半の「バーテンダーが作る至極のハイボール&フードペアリング」(p.146〜)に登場して頂いた5名のバーテンダーさんたちに伺ったお話を中心にまとめてみました。

●ハイボールに向くウイスキーは？

1. バーボン樽で熟成している

バニリン（バニラの香りの主成分）により、甘味やバニラフレーバーが出やすい。炭酸で割ると、味わいも香りものびる。

2. 長期熟成をしていない

5〜12年熟成のウイスキー。アルコール度数は46%以下、価格帯は1,000〜5,000円までが気軽に使いやすい。

3. 毎日飲んでも飽きない、飲みやすい

ライトで飲みやすいアイリッシュウイスキー、シェリー樽比率の少ないブレンデッドウイスキーなど。

4. 個性的な風味がある

スモーキーでピーティなスコットランド・アイラ島のウイスキーなど。

●ハイボールに向かないウイスキーは？

1. シェリー樽で熟成している

タンニンが含まれているため、ワインに加水して渋くなるのと同じような現象がおこる。この苦味や渋味が苦手な人も多い。

2. 長期熟成している

樽の渋味が強く出てくることが多い。

3. カスクストレングス（加水調整せず、樽からそのままボトリングしたウイスキー）

度数が高いので、炭酸で割ったときに香りや味わいをのばすことが難しい傾向にある。ただ、上記2つにも言えることだが、個人の好みにもよる。

●どうすれば美味しく作れる?

炭酸と比率

泡が細かく、ガス圧の強いタイプの炭酸を使う

酸素や二酸化炭素などの気体分子が通り抜けやすいペットボトルより、瓶のほうが炭酸が抜けにくい。

ウイスキーと炭酸は 1:2.5 ～ 3

ウイスキー30ml、炭酸80mlのようにやや濃いめに作ったほうが美味しい。

氷

氷屋またはコンビニなどで販売されている「かちわり氷」を使う

ウイスキーのフレーバーがしっかりと出て、味わい深くなる。製氷機の氷を使うと軽くて飲みやすくなるが、ウイスキーの香りも弱くなる。

作り方の工夫

氷を水で洗う

氷を入れたグラスに水を注いで、水だけを捨てる(氷を洗う)作業をする。その後ウイスキーを氷の上から注ぐと、ウイスキーの甘味や香りを開かせることができる。製氷機の氷を使う場合は、溶けやすくなるので洗わない。

長めにステアする

カスクストレングスのノンチルフィルタード(冷却濾過をしないウイスキー)はハイボールに向かないものが多いが、ウイスキーと氷を馴染ませるようにじっくり30～40回ほどステアした後に炭酸で割ると、ノンチル特有のざらついたテクスチャーや苦味を感じにくくなる。

フルーツ、ハーブを使う

低価格帯のブレンデッドウイスキーにピール(レモン、オレンジ)やハーブ(ミント、ローズマリー、セージのような香りの強いもの)を加えると、未熟なウイスキーの風味をマスキングできる。また、アルコール感が強いウイスキーにもピールが効果的。先に柑橘の香りを感じるため、アルコール感が和らぐ。

ハイボールにお薦めの銘柄リスト

エリア別・厳選126本

ハイボールに向くウイスキーの特徴から、それぞれのエリアでお薦めの銘柄をピックアップしました。前ページに引き続き、バーテンダーさんたちのご意見をもとにそのフレーバーと味わいの傾向も併せてご紹介していきます。

※ 各商品の価格は、市場での小売価格帯を以下の区分に分けて掲載しています。

A：～1,500円　**B**：1,500～3,000円　**C**：3,000～5,000円
D：5,000～7,000円　**E**：7,000～10,000円　**F**：10,000円～

KIRIN WHISKEY
PURE&
MELLOW
陸™
RIKU
LAND DISCOVERY
ウイスキー
富士御殿場蒸溜所
500ml ALC.50% BY VOL.
SINGLE MALT
YOICHI
余市
LAMBAY
WHISKEY
FINISHED IN COGNAC CASKS
IRISH WHISKEY
Crown Royal
TEMPLETON
4
RYE
THE GOOD STUFF
RYE WHISKEY
Blanton's
SINGLE BARREL
BOURBON
ウイスキー
STARWARD
NOVA

CONTENTS

SCOTCH WHISKY SPEYSIDE

スコッチウイスキー スペイサイド

全長172kmのスペイ川流域で造られ、スコットランド全蒸溜所の半数ほどがこのエリアに集中しています。総じて華やかでクセがなく、バランスの取れた味わい。ハイボールにすると、麦の甘さやフルーティさが引き出されます。バーボン樽熟成したものはハーバルな香りと柑橘系の香りが立つことが多く、シェリー樽熟成はウッディ、ビター、硫黄系の香りが出てくることも。それらの香りが苦手であれば、バーボン樽熟成を選んだほうが賢明です。

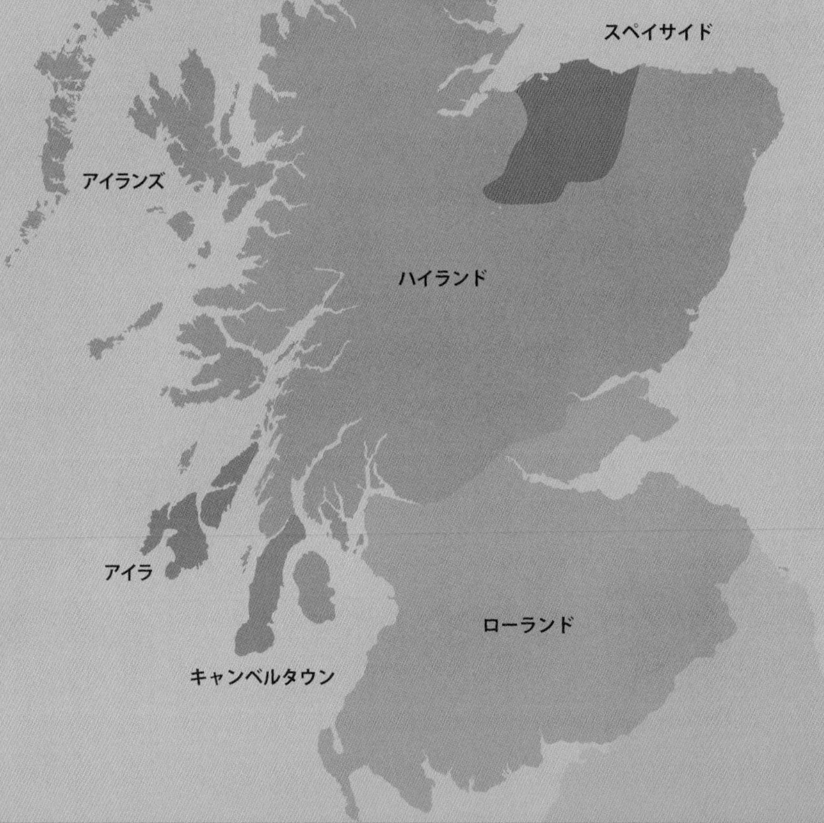

アベラワー 12年 ダブル・カスク マチュアード

ABERLOUR 12 DOUBLE CASK MATURED

●アルコール度数 40% ●容量 700ml ●小売価格帯 D

●販売元 ペルノ・リカール・ジャパン

アベラワーはゲール語で「せせらぐ小川の川口」を意味し、清らかな水に恵まれたウイスキーづくりに理想的な場所。厳選されたシェリー樽とバーボン樽で熟成したウイスキーをバランス良くブレンドしており、エレガントさと複雑さが調和した豊かで独特な味わいを生み出している。

オルトモア 12年

AULTMORE 12

●アルコール度数 46% ●容量 700ml ●小売価格帯 D

●販売元 バカルディ ジャパン

1897年、アレクサンダー・エドワードによりスペイサイドのフォギー・モス（霧が深い湿地）と呼ばれる場所に設立されたオルトモア蒸溜所。ノンピートモルトならではのフレッシュな香りと、ドライな余韻が特徴。

ベンリアック キュオリアシタス 10年
BENRIACH CURIOSITAS 10

●アルコール度数 46% ●容量 700ml ●小売価格帯 D
●販売元 アサヒビール

自家製麦したヘビーピートモルト（フェノール値55ppm）を使用して造られる。パワフルなピート香と、フレッシュフルーツのようなフルーティな甘みが絶妙なバランス。

ベンロマック 10年
BENROMACH 10

●アルコール度数 43% ●容量 700ml ●小売価格帯 D
●販売元 ジャパンインポートシステム

ゴードン&マクファイルが選び抜いた高品質のシェリー樽とバーボン樽で熟成した後、オロロソシェリー樽でフィニッシュ。各バッチの一部を次バッチへ混ぜる「ソレラ方式」で生産し、ボトリング毎の品質や味わいを一定に保っている。

クラガンモア 12年
CRAGGANMORE 12

●アルコール度数 40% ●容量 700ml ●小売価格帯 C
●販売元 MHD モエ ヘネシー ディアジオ

洗練さと複雑さを兼ね備えたスペイサイドの至宝。花や果物の香りと、甘くウッディなスモーキーさが際立つ極めて複雑な香りと味わいは、上部の平らなポットスチルにより生まれている。

クライゲラキ 13年
CRAIGELLACHIE 13

●アルコール度数 46% ●容量 700ml ●小売価格帯 D
●販売元 バカルディ ジャパン

1891年に創業し、伝統的な製法を守り続けるクライゲラキ蒸溜所。オイルヒーティング（油で焚いた火）でモルトを乾燥させることにより望ましい量の硫黄香が生成され、重みのある味わいに。

グレンエルギン 12年
GLEN ELGIN 12

●アルコール度数 43%　●容量 700ml　●小売価格帯 D
●販売元 MHD モエ ヘネシー ディアジオ

スペイサイド特有のスムースでメロウな甘さが特徴。口にすると、蜂蜜のように甘いモルトの味と柑橘系のほのかな香りが広がり、絶妙なコクと心地よい味わいを堪能できる。

グレンフィディック 12年 スペシャルリザーブ
GLENFIDDICH 12

●アルコール度数 40%　●容量 700ml　●小売価格帯 C
●販売元 サントリースピリッツ

ロビー・デューの泉の恵まれた水質、スペイサイドの大地で厳選された原材料の大麦、ハイランド地域の新鮮な空気と小型蒸溜釜で造られる素晴らしい味わい。フレッシュな洋梨の香り、複雑な熟成香。

ザ・グレンリベット 12年

THE GLENLIVET 12

●アルコール度数 40% ●容量 700ml ●小売価格帯 D
●販売元 ペルノ・リカール・ジャパン

トロピカルフルーツや花の香り、夏の草原を想わせる香りがエレガントに調和。ザ・グレンリベット特有のバニラ、蜂蜜の甘さを伴う芳醇でソフトな風味から、柔らかくなめらかな余韻へと続く。

ザ・マッカラン トリプルカスク 12年

THE MACALLAN 12
TRIPLE CASK MATURED

●アルコール度数 40% ●容量 700ml ●小売価格帯 E
●販売元 サントリースピリッツ

バニラやレモンを感じる香味、長く続くスパイシーな余韻。ヨーロピアンオークのシェリー樽、アメリカンオークのシェリー樽とバーボン樽でそれぞれ熟成した原酒をヴァッティングし、各原酒の個性が複雑に重なり合うバランスの良い味わいに仕上げている。

モートラック 12年
MORTLACH 12

●アルコール度数 43.4% ●容量 700ml ●小売価格帯 D
●販売元 MHD モエ ヘネシー ディアジオ

圧倒的に力強く芳醇な味わいゆえに「ダフタウンの野獣」と称されるシングルモルト。甘くスパイシーで、モートラック伝統のミーティーさ（肉のような旨み）が特徴。

ロッホローモンド 12年
LOCH LOMOND 12

●アルコール度数 46% ●容量 700ml ●小売価格帯 C
●販売元 都光

蒸溜所の顔ともいえる、リッチでボリューム感のある12年熟成。「東京ウイスキー&スピリッツコンペティション（TWSC）」のスコッチシングルモルト12年以下部門で2019年、2020年と2年連続1位を獲得した。

ロッホローモンド シングルグレーン
LOCH LOMOND SINGLE GRAIN

●アルコール度数 46% ●容量 700ml ●小売価格帯 B
●販売元 都光

法律上グレーン表記だが、原料はすべて大麦麦芽を使用している。同蒸溜所が保有する世界的にも珍しい「コフィースチル」で連続式蒸溜を行う、とてもフルーティなウイスキー。

スペイバーン 10年
SPEYBURN 10

●アルコール度数 40% ●容量 700ml ●小売価格帯 C
●販売元 三陽物産

1897年、ダイヤモンド・ジュビリーの年(ヴィクトリア女王在位60年)に創業。名匠チャールズ・ドイグ氏により設計され、森の中の蒸溜所における最高傑作と評価されている。フルーティ&モルティで、アメリカでの人気が高い。

SCOTCH WHISKY HIGHLAND

スコッチウイスキー ハイランド

広範囲にわたるため東西南北に分けられ、それぞれで風味の特徴が異なります。例えば東はクリーミーでスモーキーな「アードモア」、西は潮の香りとピーティさを感じる「オーバン」、南はフルーティでナッティな「アバフェルディ」、北はフローラルでスパイシーな「クライヌリッシュ」など。バーボン樽で熟成したものは力強くボディ感のあるハイボールに、シェリー樽熟成はレーズンやプラム系の香りが引き出されることがあります。

アバフェルディ 12年
ABERFELDY 12

●アルコール度数 40% ●容量 700ml ●小売価格帯 C
●販売元 バカルディ ジャパン

ブレンデッドスコッチ「デュワーズ」の原酒を確保するため、ジョン・デュワー&サンズにより設立されたアバフェルディ蒸溜所。オレンジトフィーやナッツの香り、フルーティな味わいから、スパイスとほのかなスモーキーさが感じられる余韻へと続く。

アンノック 12年
ANCNOC 12

●アルコール度数 40% ●容量 700ml ●小売価格帯 C
●販売元 三陽物産

ハニー&スイート。スコットランドで最も小さい蒸溜所のひとつ、ノックドゥ蒸溜所が造るシングルモルトで、クリーミーさとフルーティさが万人に愛されている。蜂蜜を少し垂らす"ハニーハイボール"がお薦め。

アードモア レガシー
THE ARDMORE LEGACY

●アルコール度数 40% ●容量 700ml ●小売価格帯 C
●販売元 サントリースピリッツ

ドライで爽やかなスモーキーフレーバー。ラベルには、蒸溜所上空を悠々と舞う鷲の姿が描かれている。ブレンデッドウイスキー「ティーチャーズ」のキーモルト。

バルブレア 12年
BALBLAIR 12

●アルコール度数 46% ●容量 700ml ●小売価格帯 D
●販売元 三陽物産

かつてバランタインの主要原酒として流通し、市場には出回らなかった。スコットランド最古のウイスキーづくりを継承しており、品質の良さに定評がある。ソーダ少なめで、スパイシー&スイーティさを際立たせたハイボールを。映画『天使の分け前』の舞台としても有名。

ベン・ネヴィス シングルモルト 10年

BEN NEVIS 10

●アルコール度数 43% ●容量 700ml ●小売価格帯 D
●販売元 アサヒビール

1825年に創業し、1989年からニッカウヰスキーが所有しているベンネヴィス蒸溜所。標高1,343mのベンネヴィスの麓、清らかな雪解け水と豊かな自然に恵まれている。バニラ香とまろやかな味わい、長い余韻が特徴。

クライヌリッシュ 14年

CLYNELISH 14

●アルコール度数 46% ●容量 700ml ●小売価格帯 D
●販売元 MHD モエ ヘネシー ディアジオ

スコッチウイスキーの要素をすべて備えるといわれる、完成された香味。立地の影響により、わずかに海の気質を持ちながらも、柔らかさ、複雑さというハイランドの特質も兼ね備えている。

ダルウィニー 15年
DALWHINNIE 15

●アルコール度数 43%　●容量 700ml　●小売価格帯 D
●販売元 MHD モエ ヘネシー ディアジオ

クリーンで甘いモルトの香りから、スムースでスモーキーな味わいへと変化していく。長く尾を引く、情熱的なフィニッシュ。スコットランドで最も標高の高い蒸溜所のひとつで、山岳地帯の寒冷な気候と大自然に育まれている。

グレンゴイン 10年
GLENGOYNE 10

●アルコール度数 40%　●容量 700ml　●小売価格帯 C
●販売元 アサヒビール

1833年創業、スコットランドで最も美しいといわれるグレンゴイン蒸溜所。麦芽を乾燥させる際に全くピートを焚きこまないのが特徴。麦芽そのものの味わいがストレートに楽しめる深い味わい。

グレンモーレンジィ オリジナル
GLENMORANGIE THE ORIGINAL

●アルコール度数 40% ●容量 700ml ●小売価格帯 D
●販売元 MHD モエ ヘネシー ディアジオ

5.14mにも及ぶ、スコットランドで最も背の高い蒸溜器を使って造られる。それは、大人のキリンと同じくらいの高さ。爽やかな柑橘の香りと華やかなバニラの風味がグラスの中でどんどん変化をとげ、万華鏡のように多彩な表情を見せてくれる。

オーバン 14年
OBAN 14

●アルコール度数 43% ●容量 700ml ●小売価格帯 E
●販売元 MHD モエ ヘネシー ディアジオ

霧の深い海洋性気候の港町オーバンで、1794年に創業。ハイランドならではのまろやかで芳醇な味わいと、アイランズ特有の力強いピートの香り。ふたつの世界を体験させてくれる個性豊かな一本。

オールドプルトニー 12年

OLD PULTENEY 12

●アルコール度数 40% ●容量 700ml ●小売価格帯 D
●販売元 三陽物産

海辺の貯蔵庫で潮風をうけながら熟成された「海のモルト」。爽やかな潮の香りとオイリーな風味で、シングルモルトファンの心をとらえ続けている。グラスの縁に塩を付けた"ソルティハイボール"で、さらなる潮騒を感じて。

トマーティン レガシー

TOMATIN LEGACY

●アルコール度数 43% ●容量 700ml ●小売価格帯 C
●販売元 国分グループ本社

バーボン樽熟成の原酒と、新しい試みとして貯蔵されたアメリカン・ヴァージン・オーク樽で熟成した原酒をヴァッティングしたノンヴィンテージ。オーク樽由来の甘く力強い香りと、軽やかでデリケートな味わいが特徴。

SCOTCH WHISKY LOWLAND

スコッチウイスキー ローランド

エジンバラやグラスゴーといった大都市があるエリアで、かつては多くの蒸溜所が稼働していました。一時は3ヵ所まで減ってしまいましたが、再び新しい蒸溜所が次々に誕生し注目されています。穏やかで軽く、すっきりとした風味が特徴。バーボン樽熟成のものは爽やかな酸味とバニラ香、ハーブや花のような香りを感じます。

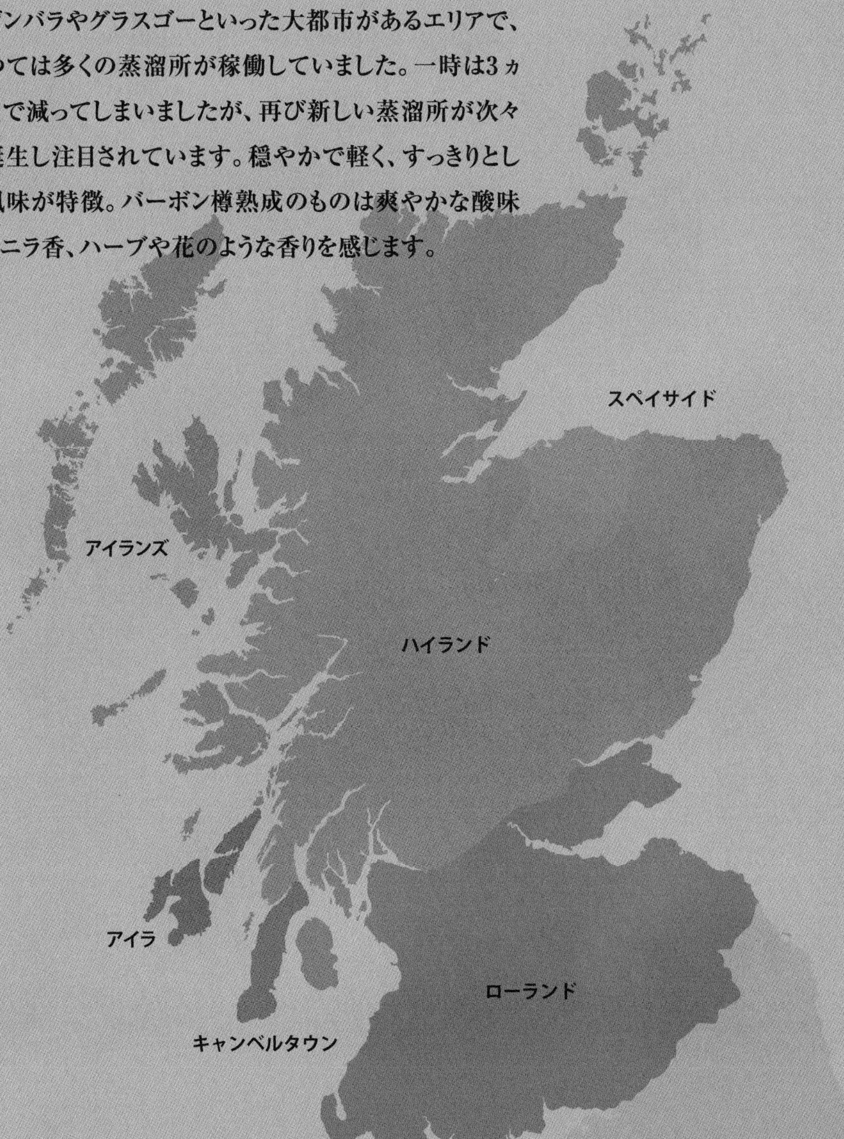

オーヘントッシャン 12年
AUCHENTOSHAN 12

●アルコール度数 40% ●容量 700ml ●小売価格帯 C
●販売元 サントリースピリッツ

幾重にも立ちのぼる繊細な香り。スムースな飲み口にアーモンドやキャラメル様の甘さ、シトラスの甘酸が漂い、ドライな感覚の余韻が楽しめる。アイリッシュウイスキーの製法と同じ3回蒸溜。

グレンキンチー 12年
GLENKINCHIE 12

●アルコール度数 43% ●容量 700ml ●小売価格帯 C
●販売元 MHD モエ ヘネシー ディアジオ

ライトなキャラクターは、スコットランド最大級のスチルで蒸溜されていることに由来。芳醇なアロマは切花、干草、田舎の庭に咲き乱れる花々の香りに満ち、その甘美でドライな味わいはさまざまな食事によく合う。

SCOTCH WHISKY ISLANDS
スコッチウイスキー
アイランズ

オークニー諸島の「ハイランドパーク」「スキャパ」、スカイ島の「タリスカー」、マル島の「トバモリー」、ジュラ島の「ジュラ」、アラン島の「アラン」、ルイス島の「アビンジャラク」といった諸島で造られるウイスキーは、まとめてアイランズと呼ばれます。島によって風味は異なりますが、ハイボールにすることでモルティ（麦芽由来のリッチな香り）さやスパイシーさなどが引き立つ傾向にあります。

スペイサイド

アイランズ

ハイランド

アイラ

ローランド

キャンベルタウン

アランモルト 10年

ARRAN MALT 10

●アルコール度数 46%　●容量 700ml　●小売価格帯 C

●販売元 ウィスク・イー

1995年、スコットランド・アラン島のロックランザ村で蒸溜所が誕生した。アランの特徴である清らかさとフルーティさ、モルトの味わいを感じられるフラッグシップアイテム。

ハイランドパーク 12年 ヴァイキング・オナー

HIGHLAND PARK 12 VIKING HONOUR

●アルコール度数 40%　●容量 700ml　●小売価格帯 C

●販売元 三陽物産

新石器時代の名残とヴァイキングの影響を映すオークニー島で、1798年以来伝統を守り続ける。ヴァイキングソウルを体現し、すべての要素を含んだオールラウンダー。穏やかなスモーキー&ハニー。

スキャパ スキレン
SCAPA SKIREN

●アルコール度数 40%　●容量 700ml　●小売価格帯 D
●販売元 サントリースピリッツ

オークニーの鮮やかな海と空を連想させるラベルの色合い、スキャパ・フローに浮かぶ船のイラストが印象的なボトル。バニラや花を想わせる香りとなめらかな味わいで、甘い余韻が長く続く。バランタイン17年のキーモルト。

タリスカー 10年
TALISKER 10

●アルコール度数 45.8%　●容量 700ml　●小売価格帯 D
●販売元 MHD モエ ヘネシー ディアジオ

スカイ島が誇る、海のような潮の風味と黒胡椒を想わせるスパイシーさが特徴の個性的なシングルモルトウイスキー。爆発的かつ複雑な香味が人々を惹きつけてやまない。

SCOTCH WHISKY ISLAY

スコッチウイスキー
アイラ

スコットランド南西部に位置するアイラ島はウイスキーの聖地とも呼ばれ、世界中の飲み手を虜にしてきました。スモーキー、ピーティ、ヨード、潮などと形容される独特なフレーバーがその理由。ソーダで割るとそれらの風味がさらに際立ち、心地よい余韻が続きます。海藻類を食すことが多い日本人には、ヨード由来の風味と出汁を彷彿とさせる旨味や甘味が親しみを感じさせる要素になっているのかもしれません。

アードベッグ 10年

ARDBEG TEN

●アルコール度数 46%　●容量 700ml　●小売価格帯 D

●販売元 MHD モエ ヘネシー ディアジオ

一度飲んだら忘れられない、強烈なスモーキーさと繊細な甘さが美しく調和する味わい。世界が熱望する究極のアイラモルト。

ボウモア No.1

BOWMORE No.1

●アルコール度数 40%　●容量 700ml　●小売価格帯 C

●販売元 サントリースピリッツ

ボウモア蒸溜所が所有する貯蔵庫の中で最も古く、海に近い海抜0メートルに位置する「No.1 Vaults（第一貯蔵庫）」。そこで熟成されたファーストフィルバーボン樽（バーボンウイスキーの熟成に一度使用した樽）原酒を100%使用している。潮の香りとバニラの香りが際立つ、心地よいスモーク。

ブルックラディ ザ・クラシック・ラディ

BRUICHLADDICH THE CLASSIC LADDIE

●アルコール度数 50%　●容量 700ml　●小売価格帯 D
●販売元 レミー コアントロー ジャパン

ブルックラディのクラシックなスタイル“フローラル&エレガント”を表現。スコットランド産大麦を100%使用し、様々な原酒を組みあわせたマルチヴィンテージ。印象的なブルックラディ・ブルーのシグネチャーボトル。

カリラ 12年

CAOL ILA 12

●アルコール度数 43%　●容量 700ml　●小売価格帯 D
●販売元 MHD モエ ヘネシー ディアジオ

アイラ島の風光明媚な入り江に建ち、ゲール語で「アイラ海峡」を意味するカリラ蒸溜所。フレッシュで甘くフルーティ、なめらかでスモーキーなボディ。淡い麦わら色と、デリケートなバランスの味わいが特徴。

フィンラガン オールドリザーブ
FINLAGGAN OLD RESERVE

●アルコール度数 40% ●容量 700ml ●小売価格帯 C
●販売元 ー

グラスゴーのボトラー、ザ・ヴィンテージ・モルト・ウイスキー・カンパニーによる中身不詳のアイラ・シングルモルト。マイルドな塩辛さとスモーク。どの蒸溜所か想像するのも楽しい。

キルホーマン マキヤーベイ
KILCHOMAN MACHIR BAY

●アルコール度数 46% ●容量 700ml ●小売価格帯 D
●販売元 ウィスク・イー

2005年に誕生したファームディスティラリー。ヘビーピート（フェノール値50ppm）の大麦麦芽を使用し、バーボンバレルで熟成した原酒をメインにヴァッティング。「マキヤーベイ」はアイラ島で最も美しいといわれるビーチの名で、蒸溜所から半マイルの距離にある。

ラフロイグ 10年

LAPHROAIG 10

●アルコール度数 43%　●容量 750ml　●小売価格帯 D

●販売元 サントリースピリッツ

薬品を想わせるヨード様の独特な香りにオイリーで濃厚な味わい、やや塩っぽくドライな後味といった強烈な個性がある。単にスモーキーであるばかりでなく、バニラのような甘さ、クリームのようななめらかさも潜む。

ポートシャーロット 10年

PORT CHARLOTTE 10

●アルコール度数 50%　●容量 700ml　●小売価格帯 D

●販売元 レミー コアントロー ジャパン

エレガントさとバーベキューの煙のようなスモーキーさを見事に融合した、ポートシャーロットのフラッグシップ。スコットランド産大麦100%使用。着想、蒸溜、熟成、ボトリングのすべてをアイラ島で行っている。

SCOTCH WHISKY CAMPBELTOWN

スコッチウイスキー
キャンベルタウン

南北に細長いキンタイア半島の先端にある小さな町、キャンベルタウンで造られるウイスキー。先述のアイラ島とアラン島に挟まれた場所にあります。かつては蒸溜所の数が30を超えていましたが、現在は「スプリングバンク」「グレンスコシア」「グレンガイル」の3か所のみ。塩辛さと甘さ、フルーティでオイリーな風味が複雑に絡み合います。ハイボールでオイリーな部分が目立つ向きがあるため、好みで使い分けましょう。

グレンスコシア カンベルタウン・ハーバー
GLEN SCOTIA
CAMPBELTOWN HARBOUR

●アルコール度数 40% ●容量 700ml ●小売価格帯 C
●販売元 都光

2014年にロッホローモンドグループ傘下となり、新たなラインナップが登場。カンベルタウン・ハーバーは100%ファーストフィルのバーボン樽原酒を使用しており、潮の香りとフルーティさが見事に調和している。

ヘーゼルバーン 10年
HAZELBURN 10

●アルコール度数 46% ●容量 700ml ●小売価格帯 D
●販売元 ウィスク・イー

スプリングバンク蒸溜所でノンピート麦芽を使用し、3回蒸溜で造られるシングルモルト。煮込んだ洋梨やアップルパイの香り、甘草、オレンジピールからクリーミーなミルクチョコレートのアフターへと繋がっていく。

キルケラン 12年

KILKERRAN 12

●アルコール度数 46% ●容量 700ml ●小売価格帯 D
●販売元 ウィスク・イー

海風を伴ったピートに蜜蝋、バニラ、リコリスが徐々に混ざり合い、柔らかで甘いアロマへと変化。時間と共に爽やかなライムやレモンの皮、ホワイトペッパーが顔を覗かせる。

スプリングバンク 10年

SPRINGBANK 10

●アルコール度数 46% ●容量 700ml ●小売価格帯 D
●販売元 ウィスク・イー

ウイスキー愛好家の間で「モルトの香水」と称されるほど香り高く、港町に位置する蒸溜所という独特の熟成環境から「塩辛い(Briny)」味わいを帯びる。

SCOTCH WHISKY BLENDED
スコッチウイスキー ブレンデッド

ハイボールの起源といわれる「デュワーズ」（※）や、ハイボール缶が販売されている「ホワイトホース」、ポップアップでハイボールバーをオープンした「ジョニーウォーカー」など、スコッチのブレンデッドをベースにしたハイボールはメーカーも推しており、一般的にもその相性の良さが広く知られているのではないでしょうか。ソーダで割るとグレーンウイスキーの持つハーバルで爽やかな味わいが引き出され、奥からモルトの風味が追いかけてくるようなものが多いです。

※デュワーズの創業者、ジョン・デュワー氏の息子トーマス（トミー）・デュワー氏が出かけたサロンで「もっと背の高い（high）グラスにしてくれないか。そうすれば、もっと楽しめる（have a ball）」と言ったことからhighとhave a ballを掛け合わせてハイボールが誕生したという説がある。

アンティクァリー 12年
ANTIQUARY 12

●アルコール度数 40% ●容量 700ml ●小売価格帯 C
●販売元 宝酒造

12年貯蔵した30種のモルト原酒を45%使用。麦芽本来のまろやかな香りと、豊かな味わいを感じるプレミアム・ブレンデッドウイスキー。

バランタイン ファイネスト
BALLANTINES FINEST

●アルコール度数 40% ●容量 700ml ●小売価格帯 A
●販売元 サントリースピリッツ

どこまでも豊かでなめらかな風味を求めて、40種類におよぶモルト原酒をブレンド。V字にデザインされたラベルはシェブロンシェイプラベルと呼ばれ、紋章学では「保護」と「信頼できる働きを成した建築家」を意味する。

バランタイン 12年

BALLANTINES 12

●アルコール度数 40%　●容量 700ml　●小売価格帯 B

●販売元 サントリースピリッツ

蜂蜜やバニラを想わせる甘く華やかな香り、複雑ながらもバランスの取れたクリーミーで飲み応えのある味わい。かすかに潮の香りを感じる爽やかなアフターテイスト。

ベル オリジナル

BELL'S ORIGINAL

●アルコール度数 40%　●容量 700ml　●小売価格帯 B

●販売元 日本酒類販売

名ブレンダーとしてその名を博したアーサー・ベル氏のオリジナルレシピに基づいたブレンデッド。極上のモルトから生まれた芳醇な香りと、まろやかな旨みが余韻に残る味わいを秘めている。

ビッグ ピート

BIG PEAT

●アルコール度数 46% ●容量 700ml ●小売価格帯 D

●販売元 ジャパンインポートシステム

BIG PEAT(ふんだんなピート)と、Big Pete(ピートおじさん)をかけたジョーク交じりの言葉遊びを表現するため、地元アイラ島のおじさんをイメージしたインパクトのあるイラストを採用。アードベッグ、カリラ、ボウモア、ポートエレンがブレンドされている。

ブラック&ホワイト

BLACK & WHITE

●アルコール度数 40% ●容量 700ml ●小売価格帯 B

●販売元 日本酒類販売

スコットランドの代表的犬種であるスコティッシュ・テリア(黒)とウエスト・ハイランド・ホワイト・テリア(白)のデザインでお馴染みの銘柄。僅かにスモーキーさがあり、フレッシュでスパイシー。まろやかな口当たりで飲みやすい。

シーバスリーガル ミズナラ 12年

CHIVAS REGAL MIZUNARA 12

●アルコール度数 40% ●容量 700ml ●小売価格帯 D
●販売元 ペルノ・リカール・ジャパン

芸術的な日本の伝統文化と日本のウイスキーづくりへの賞賛を込め、選りすぐりの原酒を日本原産の希少なミズナラ樽でフィニッシュして仕上げている。

カティサーク

CUTTY SARK

●アルコール度数 40% ●容量 700ml ●小売価格帯 A
●販売元 バカルディ ジャパン

イギリスの快速帆船「カティサーク号」が名前の由来。1923年の発売当時から変わらない山吹色のラベルが映える。軽い口当たりで飲みやすいブレンデッドスコッチ。

デュワーズ ホワイト・ラベル
DEWAR'S WHITE LABEL

●アルコール度数 40% ●容量 700ml ●小売価格帯 A
●販売元 バカルディ ジャパン

1846年にスコットランドで創業した世界的なウイスキーブランド。ホワイト・ラベルは1899年に初代マスターブレンダーのA.J.キャメロン氏が手掛けた。スムースな味わいと華やかな香りはハイボールに最適。

デュワーズ 12年
DEWAR'S 12

●アルコール度数 40% ●容量 700ml ●小売価格帯 B
●販売元 バカルディ ジャパン

12年以上熟成された「アバフェルディ」を中心に、40種類以上の原酒をブレンド。ダブルエイジ製法（熟成したモルトウイスキーとグレーンウイスキーをブレンドした後、再度樽に戻して熟成する）による、スムースな味と芳醇な香り。

ディンプル 12年
DIMPLE 12

●アルコール度数 40% ●容量 700ml ●小売価格帯 C

●販売元 日本酒類販売

「くぼみ」を意味する名のとおり、ボトルの3面にくぼみがある独特な形状。ローランドモルトのグレンキンチーがブレンドの中核を担う。軽くて飲みやすく、それでいてスパイシーな風味が特徴。

エレメンツ・オブ・アイラ ピート ローワーストレングス
ELEMENTS of ISLAY Peat Lower-Strength

●アルコール度数 45% ●容量 500ml ●小売価格帯 C

●販売元 エイコーン

ロンドンに拠点を置くエリクサーディスティラーズ社の「エレメンツ・オブ・アイラ」シリーズ。アイラ島の蒸溜所からいくつかのモルトを選び、ボトリングしている。フルーツやスパイスの香りと、スモーキーフレーバー。

エレメンツ・オブ・アイラ ピート フルプルーフ
ELEMENTS of ISLAY Peat Full Proof

●アルコール度数 59.3% ●容量 500ml ●小売価格帯 C
●販売元 エイコーン

「エレメンツ・オブ・アイラ」シリーズのPeatのフルプルーフ版。オレンジ、レモン、食塩、アーモンド、スモーク、ダークチョコレート。飲む度にピートとフルーツの層が織りなし、信じられないほど後を引く。

グランツ トリプルウッド
GRANT'S TRIPLE WOOD

●アルコール度数 40% ●容量 700ml ●小売価格帯 A
●販売元 三陽物産

3種類の樽（バーボンバレル、リフィルアメリカンオーク、ヴァージンアメリカンオーク）のハーモニー。3つのM＝蒸溜技師（The Maker）、樽職人（The Muscle）、マスターブレンダー（The Master）が1か所で共に働き、グランツを造っている。ソーダだけでなく、コーラで割った"グランツコークハイ"もぜひ。

グランツ トリプルウッド スモーキー
GRANT'S TRIPLE WOOD SMOKY

●アルコール度数 40%　●容量 700ml　●小売価格帯 B
●販売元 三陽物産

トルプルウッドをベースに、スモーキーな原酒を加えた一本。余韻のあるスモーク香が心地よい。お薦めは、グラスの縁に塩を付けた“ソルティハイボール”。

ハイランドクイーン
HIGHLAND QUEEN

●アルコール度数 40%　●容量 700ml　●小売価格帯 B
●販売元 ガイアフロー

「クイーン・オブ・スコッツ」と呼ばれる、スコットランドの女王クイーン・メアリーが名前の由来。ノンエイジらしい軽い口当たりで、蜜の詰まったりんごのようなジューシーな甘さが楽しめる。

アイル・オブ・スカイ 12年
ISLE OF SKYE 12

●アルコール度数 40% ●容量 700ml ●小売価格帯 C
●販売元 明治屋

イアン・マクロード社のフラッグシップ・ウイスキー。アイランドモルトとスペイサイドモルトを主体にブレンドし、スモーキーさと潮風を含んだピーティな香り、果実や花を想わせる華やかなフレーバーを生み出している。

J&B レア
J&B RARE

●アルコール度数 40% ●容量 700ml ●小売価格帯 A
●販売元 ディアジオ ジャパン

「ノッカンドゥ」「オスロスク」「ストラスミル」「グレンスペイ」などスペイサイド地方のモルトを核に、42種類の原酒をブレンド。リンゴや洋梨を想わせるフルーティな香りと、スムースでバランスのとれた味わいが特徴。

ジョニーウォーカー　レッドラベル
JOHNNIE WALKER RED LABEL

●アルコール度数 40%　●容量 700ml　●小売価格帯 A
●販売元 キリンビール

舌の上ではじける香り豊かなスパイスが強い印象を残しつつ、爽やかな味わいが口の中に広がる。リンゴや洋ナシのようなフルーティな甘みとバニラのメロウなコクから、スモーキーな余韻へ。四角いボトルと、斜め24度に傾いたアイコニックなラベルが印象的。

ジョニーウォーカー　ブラックラベル 12年
JOHNNIE WALKER AGED 12 YEARS

●アルコール度数 40%　●容量 700ml　●小売価格帯 B
●販売元 キリンビール

6世代ものマスターブレンダーに受け継がれてきた門外不出のブレンディング技術で、丹念に造られた「ブラックラベル」。象徴的なフレーバーであるスモーキーさ、バニラ様の甘み、オレンジやレーズンなどのフルーティな味わい。ブランドのメッセージは「KEEP WALKING」。

ジョニーウォーカー　ダブルブラック
JOHNNIE WALKER DOUBLE BLACK

●アルコール度数 40%　●容量 700ml　●小売価格帯 B
●販売元 キリンビール

ブラックラベルをより深く、スモーキーに表現した一本。レーズンとフルーツの豊かな香りの上に、スモーキーなピートが感じられる。さらに甘いバニラとスパイス、オークのタンニン。ゆっくりと続くスモーキーさが柔らかく広がっていく。

ロングジョン スタンダード
LONG JOHN

●アルコール度数 40%　●容量 700ml　●小売価格帯 A
●販売元 サントリースピリッツ

193cmの長身で「ノッポのジョン」（ロング・ジョン）と呼ばれた創始者、ジョン・マクドナルド氏の愛称がそのままウイスキーの名前に。ドライでスパイシー、甘くスモーキーな味わいで、炭酸との相性がいい。

モンキーショルダー
MONKEY SHOULDER

●アルコール度数 40% ●容量 700ml ●小売価格帯 C
●販売元 三陽物産

麦芽を混ぜるモルティングが手作業で行われていた当時、モルトマンの職業病は「Monkey Shoulder=猿の肩」と呼ばれていた。100%モルトのブレンデッドモルトウイスキー。オレンジとの相性が抜群で、カットオレンジを添えたハイボール"さるハイ"がお薦め。

ザ・シックス・アイルズ
THE SIX ISLES

●アルコール度数 43% ●容量 700ml ●小売価格帯 C
●販売元 スリーリバーズ

「アイラ」「ジュラ」「スカイ」「マル」「オークニー」「アラン」と、スコットランドの6つの島で蒸溜された原酒をブレンドした、ユニークなコンセプトのブレンデッドモルトウイスキー。

ティーチャーズ ハイランドクリーム
TEACHER'S HIGHLAND CREAM

●アルコール度数 40%　●容量 700ml　●小売価格帯 A
●販売元 サントリースピリッツ

アードモアをキーモルトに、多数のモルトウイスキーをブレンド。熟したリンゴ、洋梨、スモーキーな香り。ハイボールでティーチャーズ最大の特長であるスモーキーフレーバーを爽やかに感じることができる。

ホワイトホース ファインオールド
WHITE HORSE FINE OLD

●アルコール度数 40%　●容量 700ml　●小売価格帯 A
●販売元 キリンビール

花や蜂蜜を想わせるフレッシュな香り、まろやかさとドライさのバランスがとれた上質な味わい。ブランド名はスコットランド・エジンバラに実在した1742年創業の有名な旅館“ホワイトホースセラー”から。

ホワイトホース 12年

WHITE HORSE AGED 12 YEARS

●アルコール度数 40% ●容量 700ml ●小売価格帯 B

●販売元 キリンビール

日本市場専用に開発されたホワイトホースのプレミアム品。長く豊かな余韻が続く、華やかでフルーティな香りとまろやかな味わい。和食にも合う。

ホワイトマッカイ

WHYTE & MACKAY

●アルコール度数 40% ●容量 700ml ●小売価格帯 A

●販売元 明治屋

伝説のマスターブレンダー、リチャード・パターソン氏によるブレンドと、こだわりの製法"トリプルマチュアード"によるなめらかで豊かな味わい。ピーチやオレンジ・マーマレードのような甘い味わいが後を引く。

IRISH WHISKEY
アイリッシュウイスキー

10年ほど前は「ブッシュミルズ」「クーリー」「キルベガン」「ミドルトン」の4ヵ所のみが稼働していましたが、その後立て続けに蒸溜所がオープンし、急成長を遂げています。3回蒸溜でノンピート、ブレンデッドが主流、軽快でスムースな飲み口といったイメージを覆すようなウイスキーも増えました。その中でも気軽にハイボールとして愉しめるのが、ノンピートで飲み飽きがしないもの。ハーブや柑橘系の酸味、キレのあるすっきりとした甘味が愉しめます。

ブッシュミルズ ブラックブッシュ
BUSHMILLS BLACK BUSH

●アルコール度数 40% ●容量 700ml ●小売価格帯 B
●販売元 アサヒビール

オロロソシェリー樽とバーボン樽で最長7年熟成させたモルト原酒を80%以上使用し、少量生産のグレーンウイスキーとブレンド。シェリー樽熟成由来の熟した果実の香りと、重厚な味わいが特徴。

カネマラ
CANNEMARA

●アルコール度数 40% ●容量 700ml ●小売価格帯 C
●販売元 サントリースピリッツ

ノンピートで3回蒸溜するアイリッシュウイスキーが多い中、ピーテッド麦芽を使用し、2回蒸溜で造られるピーテッド・シングルモルト。4年、6年、8年熟成のモルト原酒をブレンドした、スモーキー&スムースな一本。

ザ・ダブリナー

THE DUBLINER

●アルコール度数 40% ●容量 700ml ●小売価格帯 C

●販売元 国分グループ本社

はっきりとした大麦の香りに、新鮮な青草、リンゴの香り。蜂蜜のような甘さ、コショウ、絹のようななめらかさと、かすかにキャラメルの味わいを感じる。リフィルのバーボン樽で3年以上熟成。

アイリッシュマン ファウンダーズリザーブ

THE IRISHMAN FOUNDER'S RESERVE

●アルコール度数 40% ●容量 700ml ●小売価格帯 C

●販売元 リードオフジャパン

1999年、バーナードとローズマリーのウォルシュ夫妻によって設立されたウォルシュウイスキー社のシグネチャーブランド。スパイス、ピーチ、青りんごの香りからダークチョコレート、キャラメルの味わい、オーク樽の芳香とバタースカッチのニュアンスを感じる長い余韻へと続く。

ジェムソン スタンダード
JAMESON

●アルコール度数 40% ●容量 700ml ●小売価格帯 B
●販売元 ペルノ・リカール・ジャパン

スコットランド人のジョン・ジェムソン氏がアイルランドへ渡り、1780年に蒸溜所を創業した。ピートを使用せず、3回蒸溜で造られる豊かな香味とスムースな味わいを存分に味わうなら、ガーニッシュなしのシンプルなソーダ割りを。

ジェムソン ブラック・バレル
JAMESON BLACK BARREL

●アルコール度数 40% ●容量 700ml ●小売価格帯 C
●販売元 ペルノ・リカール・ジャパン

チャーリング(樽の内側を炎で焦がす)を2度行った黒焦げの樽"ブラック・バレル"で熟成。焦がしたバーボン樽によるナッツの香りやスパイス、バニラの甘さなどに、シェリー樽由来のフルーツの風味が調和している。

ランベイ スモールバッチブレンド
LAMBAY SMALL BATCH BLEND

●アルコール度数 40%　●容量 700ml　●小売価格帯 C
●販売元 都光

フランスのコニャックメーカー、カミュ社がプロデュースするアイリッシュウイスキー。ランベイ島のトリニティ・ウェル・ウォーターを使用し、カミュのコニャック樽で後熟を行う。コニャック由来のフローラルな香りが特徴。

ティーリング シングルモルト
TEELING SINGLE MALT

●アルコール度数 46%　●容量 700ml　●小売価格帯 D
●販売元 スリーリバーズ

アイルランド・ダブリンに本拠を構えるインディペンデントボトラー（独立瓶詰業者）。メロンやイチジクの香りと、ドライフルーツ、シトラス、バニラ、スパイスなどの味わい。フィニッシュは長く甘い。

タラモアデュー
TULLAMORE D.E.W.

●アルコール度数 40% ●容量 700ml ●小売価格帯 B

●販売元 サントリースピリッツ

1829年、マイケル・モロイ氏によりアイルランド中部の町タラモアで蒸溜所が設立された。のちに経営を任されたダニエル・E・ウィリアムスのイニシャル"DEW"を添えて「タラモアの露」というブランド名に。繊細でなめらか、快いモルティネスと専門家の間でも高く評価されている。

ライターズティアーズ コッパーポット
WRITERS' TEARS COPPER POT

●アルコール度数 40% ●容量 700ml ●小売価格帯 C

●販売元 リードオフジャパン

一風変わったブランド名もあり、2009年の発売直後からすぐさまウイスキーファンの注目の的となった。りんご、ほのかなバニラのニュアンス。やさしいスパイス、ジンジャー、果樹園に実った果実の味わいからダークチョコレートや蜂蜜を感じるエレガントな余韻へ。

JAPANESE WHISKY

ジャパニーズウイスキー

スコッチウイスキーの製法に倣いながらバリエーション豊かな原酒を造り、以前よりそのブレンド技術が高く評価されてきました。シングルモルトのソーダ割りは樽由来の爽やかなウッディさが強調され、木の香りを感じることが多く、まるで森の中にいるような気分に。麦芽由来のモルティさもスコッチのどっしりとした味わいではなく、おおよそ柔らかい印象でハイボールがバランス良く仕上がります。

サントリー ワールドウイスキー 碧Ao

SUNTORY WORLD WHISKY Ao

●アルコール度数 43% ●容量 700ml ●小売価格帯 C
●販売元 サントリースピリッツ

甘く華やかな香りとまろやかな口当たりながら厚みのある味わいで、後に心地よいスモーキーさが感じられる、さまざまな表情を持ったウイスキー。世界5大ウイスキーの個性が織り成す複雑で豊かな香味の変化、そして多彩な個性を様々な飲み方で愉しめる。

アマハガン ワールドモルト エディション No.1

AMAHAGAN World Malt Edition No.1

●アルコール度数 47% ●容量 700ml ●小売価格帯 C
●販売元 長浜浪漫ビール

滋賀県びわ湖北部にある日本最小クラスの長濱蒸溜所。長濱モルト由来の円みのある麦芽の香り、オレンジチョコレートを連想させるフルーティさと深みが複雑に絡み合い、全体をバニラの甘い香りが包み込む。

イチローズ モルト&グレーン ワールドブレンデッドウイスキー

ICHIRO'S
Malt & Grain World Blended Whisky

●アルコール度数 46% ●容量 700ml ●小売価格帯 C
●販売元 ベンチャーウイスキー

肥土伊知郎氏によって設立された秩父蒸溜所は、日本のクラフトディスティラリーを牽引してきた。国内外に多くのファンがいる「イチローズモルト」。軽やかで艶のあるフルーティな香りを感じた後、時間とともに濃厚なコクのある甘さも顔を出す。

963 ウイスキー スムース&ピーティー

963 WHISKY SMOOTH & PEATY

●アルコール度数 46% ●容量 700ml ●小売価格帯 B
●販売元 福島県南酒販

「963」は福島県郡山市の郵便番号。福島県南酒販のオリジナルウイスキーで、ピーティーさとバーボンバレル由来の甘味、そして熟成感が楽しめるブレンデッドウイスキー。

十年明セブン

JUNENMYO 7

●アルコール度数 46%　●容量 700ml　●小売価格帯 C

●販売元 若鶴酒造

富山県砺波市にある三郎丸蒸留所の7年以上熟成したモルトウイスキーをキーモルトにブレンド。近くに“十年明(じゅうねんみょう)”と呼ばれる地があり、かつて明かりを灯すための油を採る菜の花畑が広がっていたのだとか。その灯のように、人々の心を優しく照らしたいという願いが込められている。

ニッカウヰスキー スーパーニッカ

RARE OLD SUPER

●アルコール度数 43%　●容量 700ml　●小売価格帯 B

●販売元 アサヒビール

ニッカウヰスキー創業者、竹鶴政孝氏が亡き妻リタへの愛と感謝を込めてつくりあげたブランド。華やかな香りと穏やかなピートの香り、ウッディで甘い樽熟成香。カフェグレーンとのブレンドによるスムースな口当たり。バランスが良く、まろやか。

ニッカウヰスキー 竹鶴 ピュアモルト
TAKETSURU PURE MALT WHISKY

●アルコール度数 43% ●容量 700ml ●小売価格帯 C
●販売元 アサヒビール

ニッカが誇る上質なモルトをバランスよく重ねあわせた、香り豊かで飲みやすいピュアモルトウイスキー。甘く柔らかな香りと果実を想わせる華やかな香りの調和、ふくらみのあるモルトのコク。穏やかな樽香やピート香を伴う、甘くほろ苦い余韻が特徴。

サントリーウイスキー 知多
THE CHITA
SINGLE GRAIN JAPANESE WHISKY

●アルコール度数 43% ●容量 700ml ●小売価格帯 C
●販売元 サントリースピリッツ

愛知県・知多蒸溜所で長年に渡り培ってきた多彩な原酒と、匠の技でつくりあげたシングルグレーンウイスキー。ソーダで割れば、風のように軽やかな飲み心地の「風香るハイボール」に。

サントリーウイスキー トリス〈クラシック〉
TORYS CLASSIC

●アルコール度数 37% ●容量 700ml ●小売価格帯 A
●販売元 サントリースピリッツ

ハイボールにぴったりのすっきりとした味わいのウイスキー。ハイボールに合う美味しさにこだわった爽やかな香りとすっきり、キレのよい味わい。 さらにバーボン樽原酒を加えることで味わいまろやかに仕上げた。

サントリー シングルモルトウイスキー 白州
THE HAKUSHU
SINGLE MALT JAPANESE WHISKY

●アルコール度数 43% ●容量 700ml ●小売価格帯 C
●販売元 サントリースピリッツ

森の若葉のようにみずみずしくフレッシュな香り、爽やかで軽快なキレのよい味わい。南アルプスの山々の麓、山梨県北杜市に位置する白州蒸溜所は、標高およそ700mの世界でも稀な"森の蒸溜所"だ。

キリン シングルグレーンウイスキー 富士

FUJI SINGLE GRAIN WHISKEY

●アルコール度数 46% ●容量 700ml ●小売価格帯 D

●販売元 キリンビール

世界的に評価の高い、富士御殿場蒸溜所の3種のグレーンウイスキー原酒（バーボンタイプ、カナディアンタイプ、スコッチタイプ）のみをブレンドして造られる。富士の麓の自然環境が生み出す、清らかで芳醇な味わいのウイスキー。フルーティな果実香、オレンジやグレープ（ブドウ）が感じられる香味。

キリンウイスキー 富士山麓 シグニチャーブレンド

FUJI-SANROKU Signature Blend

●アルコール度数 50% ●容量 700ml ●小売価格帯 C

●販売元 キリンビール

熟練のブレンダーが多彩な原酒の中から熟成のピークを迎えた原酒を厳選し、ブレンドした「富士山麓」の自信作。洋梨やパイナップルを想わせるフルーティで華やかな果実香と、黒糖や焼き菓子のような甘く芳ばしい風味が織り重なる。

ニッカウヰスキー シングルモルト余市

SINGLE MALT YOICHI

●アルコール度数 45% ●容量 700ml ●小売価格帯 C
●販売元 アサヒビール

竹鶴政孝氏がウイスキーづくりの理想の地として選んだ、北海道・余市。力強いピートの味わいと香ばしさ、穏やかに持続するオークの甘さとスモーキーな余韻。重厚かつ複雑で、深みがある。

キリンウイスキー 陸

KIRIN WHISKEY RIKU

●アルコール度数 50% ●容量 500ml ●小売価格帯 A
●販売元 キリンビール

富士御殿場蒸溜所のグレーンウイスキーの特徴を活かした、うまさ濃い口のウイスキー。ラベルにはウィットに富んだ表現でお薦めの飲み方が記載されており、自分に合う飲み方が発見できる。

AMERICAN WHISKEY

アメリカンウイスキー

最も生産量が多いバーボンウイスキーは、内側を焦がす加熱処理「チャー」を施した新樽で熟成されています。このチャーによって樽材から溶け出す香味成分のひとつが、バニラ香の主成分「バニリン」。ソーダで割ると、樽由来のバニラ香と原料であるトウモロコシ由来の甘味が引き立ちます。また、ライ麦を原料に使用していればラズベリーやプラムのような酸味が、小麦なら乳酸菌のような酸味と粉っぽい香りが引き出されます。

Four Roses

BOURBON

Kentucky Straight Bourbon Whiskey

Kentucky
STRAIGHT BOURBON
－WHISKEY－
I.W.HARPER
43% Alc/Vol
AGED 12 YEARS

エンシェント・エイジ<2A>

ANCIENT AGE

●アルコール度数 40% ●容量 700ml ●小売価格帯 B

●販売元 宝酒造

古き良きオールドアメリカンを彷彿させるストレート・バーボン・ウイスキーの代表ブランド。ホワイトオーク樽で4年間貯蔵した原酒を使用しており、口当たりがまろやか。

ブラントン ブラック

BLANTON'S BLACK

●アルコール度数 40% ●容量 750ml ●小売価格帯 D

●販売元 宝酒造

シングルバレルバーボンウイスキーならではの繊細なキレと深み。ブラントンの製法はそのままに、味わいをややマイルドに仕上げたカジュアルタイプ。

バッファロー・トレース
BUFFALO TRACE

●アルコール度数 45% ●容量 750ml ●小売価格帯 C
●販売元 国分グループ本社

バニラ、ミント、糖蜜の香り。黒糖のような甘味とオーク、トフィー、キイチゴ、アニスの甘味が口の中全体に広がっていく。バッファロー・トレース蒸溜所のシグネチャー商品。

ブレット バーボン
BULLEIT BOURBON

●アルコール度数 45% ●容量 700ml ●小売価格帯 C
●販売元 ディアジオ ジャパン

複層的で「喉を焼かないなめらかさ」と謳われる。6年以上の熟成と、高品質ライ麦をふんだんに使用するという独自のレシピから生まれた希少なバーボン。

アーリータイムズ イエローラベル
EARLYTIMES

●アルコール度数 40%　●容量 700ml　●小売価格帯 B
●販売元 アサヒビール

ライトな口当たり、甘い香り、キレのいい後味を持つロングセラーバーボン。活性炭で濾過することで熟成中にできた不純物を除去し、より磨かれたスムースな味わいに。

エヴァン・ウィリアムス ブラックラベル
EVAN WILLIAMS

●アルコール度数 43%　●容量 750ml　●小売価格帯 B
●販売元 バカルディ ジャパン

1783年、ケンタッキー州ルイヴィルでライムストーン（石灰岩）から湧き出る水を発見し、最初にトウモロコシを原料としたウイスキーを造ったとされる人物、エヴァン・ウィリアムス氏にちなんで名前がつけられた。バニラやミントの香り、黒砂糖やキャラメルの味わい。

フォアローゼズ
FOUR ROSES

●アルコール度数 40% ●容量 700ml ●小売価格帯 A
●販売元 キリンビール

花や果実を想わせる香りと、すっきりと柔らかくなめらかな味わい。ほのかな洋梨とアップル。4輪の薔薇は、フォアローゼズ創始者ポール・ジョーンズJr.氏の愛のエピソードから。

ヘヴン・ヒル オールドスタイル
HEAVEN HILL OLD STYLE BOURBON

●アルコール度数 40% ●容量 700ml ●小売価格帯 A
●販売元 バカルディ ジャパン

ケンタッキー州ネルソン郡バーズタウンに本拠地を置くヘヴン・ヒル社の製品。バーボンらしい味わいとさっぱりした口当たりながら、モルトの香味が強いところが特徴。

I.W.ハーパー 12年
I.W.Harper 12 years

●アルコール度数 43% ●容量 750ml ●小売価格帯 D
●販売元 ディアジオ ジャパン

ブランド名は創業者であるアイザック・ウォルフ・バーンハイム氏のイニシャルと、友人フランク・ハーパー氏の名字から。世界で初めて12年熟成表記のスタンダードとして販売されたといわれている。独特なデキャンタボトルが目を引く。

ジャックダニエル ブラック
JACK DANIEL'S

●アルコール度数 40% ●容量 700ml ●小売価格帯 B
●販売元 アサヒビール

蒸溜したウイスキーを時間のかかるチャコール・メローイング（サトウカエデの木炭でウイスキーをろ過する伝統製法）でろ過。バニラ、キャラメルなどの香りと、まろやかでバランスのとれた味わい。

ジム・ビーム
JIM BEAM

●アルコール度数 40%　●容量 700ml　●小売価格帯 B
●販売元 サントリースピリッツ

1795年より製造。7世代に渡ってビーム一族により造り続けられてきた。秘伝のレシピと製法で、法律が求める2倍の期間をかけて熟成させる。甘く軽やかなキャラメルやバニラ、ほのかな樽のニュアンス。

ジョニードラム プライベート・ストック
JOHNNIE DRUM PRIVATE STOCK

●アルコール度数 50.5%　●容量 750ml　●小売価格帯 C
●販売元 都光

15年以上熟成させた原酒をメインに使用し、アルコール度数50.5%のボリューミーな味わいを造り出している。なめらかで上質な深い香味と、長い余韻を愉しめる逸品。

メーカーズマーク

MAKER'S MARK

●アルコール度数 45%　●容量 700ml　●小売価格帯 B

●販売元 サントリースピリッツ

通常バーボンで使われるライ麦の代わりに冬小麦を使うことで、ふくらみのあるまろやかさを実現。余韻は柔らかく、しなやかな印象が続く。熟練の職人が一本ずつ手作業で仕上げる赤い封ろうは「こころを込めた贈り物」の証。

ミクターズ US★1 ライウイスキー

MICHTER'S US★1 STRAIGHT RYE

●アルコール度数 42.4%　●容量 700ml　●小売価格帯 D

●販売元 ウィスク・イー

ライ麦を主体に、モルト、コーンをバランス良く使用。ライ麦によるスパイシーさ、モルト由来のナッティさ、コーンの甘さなど多彩な味わいがハーモニーを奏でる。アメリカで最古のウイスキー蒸溜所をルーツに持つ、プレミアムウイスキーブランド。

オールド クロウ
OLD CROW

●アルコール度数 40% ●容量 700ml ●小売価格帯 A
●販売元 サントリースピリッツ

爽やかな香りと、深い味わいが特徴。創業者であり、サワーマッシュ製法(糖化の際、仕込水に蒸溜残液を加えるバーボン独特の製法。雑菌の繁殖を防ぐなどの効果がある)の考案者として知られるジェイムズ・クロウ医学博士の名を冠している。

リッテンハウス ライ ボトルド イン ボンド
RITTENHOUSE RYE
BOTTLED-IN-BOND

●アルコール度数 50% ●容量 750ml ●小売価格帯 C
●販売元 バカルディ ジャパン

1897年、アメリカで当時出回っていた粗悪品から消費者を守るための連邦法「ボトルド・イン・ボンド法」が発令された。リッテンハウスは、ボトルド・イン・ボンドを表記できる条件として1年に1季節のみ蒸溜、政府監督の保税倉庫で最低4年以上熟成し、100プルーフ(50度)で瓶詰めしている。

テンプルトン ライ

TEMPLETON RYE

●アルコール度数 40% ●容量 750ml ●小売価格帯 C

●販売元 ウィスク・イー

90%以上ライ麦を原料とし、銅製ポットスチルで蒸溜するという極めて稀な製法で造られるストレート ライウイスキー。あのアル・カポネが愛飲し、刑務所の中にあの手この手を使い持ち込ませたとか。実際に、独房からボトルが発見されている。

ワイルドターキー スタンダード

WILD TURKEY

●アルコール度数 40.5% ●容量 700ml ●小売価格帯 B

●販売元 CT Spirits Japan

柔らかな口当たりで飲みやすく、ベーシックな味わい。甘いバニラや洋ナシに加え、ほのかなスパイシーさも感じられる。6年、7年、8年熟成の原酒をブレンドしたバランスの良さも特徴。

ワイルドターキー ライ
WILD TURKEY RYE

●アルコール度数 40.5% ●容量 700ml ●小売価格帯 C
●販売元 CT Spirits Japan

甘さ控えめのスパイシーさが特徴。従来よりも長い4～5年熟成の原酒を使用しているため、しっかりとした味わいの中にデリケートなニュアンスが感じられる。カクテルに絶妙なアクセントを添えるストレート・ライウイスキー。

ウッドフォードリザーブ
WOODFORD RESERVE

●アルコール度数 43% ●容量 750ml ●小売価格帯 C
●販売元 アサヒビール

ケンタッキー州最古の蒸溜所。その高い品質と、カクテルに使われる幅広い副材料と見事にマッチする汎用性の高さからウイスキーカクテルのベースとしても人気がある。

CANADIAN WHISKY
カナディアンウイスキー

軽快でなめらかなフレーバーは、ハイボールなら何杯でも飲めてしまうのではと思わせるほど。原料のトウモロコシによる柔らかい甘味、ライ麦によるスパイシーさ、ハーブの香りなどが愉しめます。C.C.の相性で親しまれる「カナディアンクラブ」、英国王ジョージ6世への献上酒として生まれた「クラウン ローヤル」などが知られていますが、日本に正規輸入されているものは残念ながらごく僅かです。

カナディアンクラブ
CANADIAN CLUB

●アルコール度数 40%　●容量 700ml　●小売価格帯 A
●販売元 サントリースピリッツ

「C.C.」の愛称で親しまれているカナダを代表するブランド。ライ麦主体のフレーバーウイスキーによる軽やかで華やかな香りを持ち、ライト&スムースな風味が特色。ぜひハイボールで。

カナディアンクラブ クラシック 12年
CANADIAN CLUB 12 CLASSIC

●アルコール度数 40%　●容量 700ml　●小売価格帯 B
●販売元 サントリースピリッツ

マイルドな口当たりとなめらかな味わい、柔らかさの中に芯のあるコク。豊かな香りとボディから、温かくスムースでドライな後味へと続く。

カナディアンミスト
CANADIAN MIST

●アルコール度数 40% ●容量 750ml ●小売価格帯 B
●販売元 アサヒビール

カナダ・オンタリオ州コリングウッドにあるカナディアンミスト蒸溜所で造られる。3回蒸溜後にホワイトオーク樽で熟成されたライト&スムースな味わい。

クラウンローヤル
CROWN ROYAL

●アルコール度数 40% ●容量 750ml ●小売価格帯 B
●販売元 ー

1939年、イギリス国王として初めてカナダを訪問したジョージ6世への献上酒として誕生した。国王の王冠をモチーフとした優美なボトル、王室調の紫のオペラバッグがその証。

OTHER WHISKY

その他のウイスキー

ドイツ、スペイン、オーストリア、フランス、スイス、イタリア、フィンランド、スウェーデン、ノルウェー、デンマーク、オランダ、南アフリカ、インド、台湾、オーストラリア、ニュージーランド……。5大ウイスキー以外にも、世界各国で高品質なウイスキーが造られています。原料や製法などの環境が異なるため特徴もそれぞれですが、入手しやすいインドの「アムルット」や「ポール・ジョン」、台湾の「カバラン」あたりから始めるのがお勧めです。

アムルット インディアン シングルモルト
AMRUT INDIAN SINGLE MALT WHISKY

●アルコール度数 46% ●容量 700ml ●小売価格帯 C
●販売元 ガイアフロー

標高920mのインド・ベンガルールで造られるウイスキー。リコリスや焼いたハニカムの甘く香ばしい香りと、光沢のある豊かな甘み、長い余韻。トフィー、シルキーな味わいが楽しめる。

カバラン ディスティラリーセレクト No.1
KAVALAN DISTILLERY SELECT No.1

●アルコール度数 40% ●容量 700ml ●小売価格帯 C
●販売元 リードオフジャパン

台湾北東部の宜蘭（ぎらん）で2006年に蒸溜を開始したカバラン蒸溜所。ウイスキーづくりにおいて不利といわれていた亜熱帯の気候を「熟成が速く進む」というアドバンテージに変えた。ディスティラリーセレクトNo.1は、トフィーやバニラの香りが広がる、柔らかな口当たり。

カバラン
コンサートマスター シェリーフィニッシュ
KAVALAN
CONCERTMASTER SHERRY CASK FINISH

●アルコール度数 40% ●容量 700ml ●小売価格帯 F
●販売元 リードオフジャパン

「コンサートマスター」シリーズ第2弾。フィニッシュにアメリカンオークのシェリー樽を使用。淡いアプリコット色で、カバラン特有のトロピカルフルーツを感じる味わい。

ポール・ジョン ニルヴァーナ
PAUL JOHN NIRVANA

●アルコール度数 40% ●容量 700ml ●小売価格帯 C
●販売元 国分グループ本社

自然豊かなインド・ゴアで造られるインディアン・ウイスキー。ニルヴァーナは仏教用語で永遠の平和、最高の喜びを意味する。柔らかな香り、フルーツケーキ、キャラメル・プディング。

スターワード ノヴァ
STARWARD NOVA

●アルコール度数 41% ●容量 700ml ●小売価格帯 D
●販売元 ウィスク・イー

オーストラリア・メルボルンで生まれ育ったデイヴィッド・ヴィターレ氏が「世界中の人に誇りをもって提供できるオーストラリアならではのウイスキーをつくる」という夢から創設。100%オーストラリア産モルトを使用し、オーストラリア産赤ワイン樽で熟成している。

スリーシップス プレミアムセレクト 5年
THREE SHIPS PREMIUM SELECT 5

●アルコール度数 43% ●容量 750ml ●小売価格帯 B
●販売元 ー

南アフリカのジェームズ・セジウィッグ蒸溜所で造られているブレンデッドウイスキー。2012年にWWA（ワールド・ウイスキー・アワード）の「ワールドベスト・ブレンデッドウイスキー」に選ばれ、その名が広く知れ渡った。

販売元 お問い合せ先リスト

アサヒビール（お客様相談室）	0120-011-121
ウィスク・イー	03-3863-1501
エイコーン	049-282-1362
ガイアフロー	054-292-2555
キリンビール（お客様相談室）	0120-111-560
国分グループ本社	0120-413-592
サントリー（お客様センター）	0120-139-310
三陽物産	06-6352-1121
株式会社ジャパンインポートシステム	03-3516-0311
スリーリバーズ	03-3926-3508
宝酒造（宝ホールディングス㈱お客様相談室）	075-241-5111
ディアジオ ジャパン（お客様センター）	0120-014-969
都光	03-3833-3541
長浜浪漫ビール	0749-63-4301
日本酒類販売	03-4330-1700
バカルディ ジャパン（HP）	https://www.bacardijapan.jp/
福島県南酒販	024-932-3250
ペルノ・リカール・ジャパン（お客様相談室）	03-5802-2756
ベンチャーウイスキー	0494-62-4601
明治屋（お客様相談室）	0120-565-580
リードオフジャパン株式会社	03-5464-8170
レミーコアントロージャパン	03-6441-3025
若鶴酒造（三郎丸蒸留所）	0763-32-3032
CT Spirits Japan	03-6455-5810
MHD モエ ヘネシー ディアジオ（HP）	https://www.mhdkk.com/

銘店のハイボール①

ニッカウヰスキーの商品に特化したバー

ニッカバー

1950年代半ば頃から登場した業態で、「ニッカバー」を名乗ることで安心して入れるお店のイメージに繋がるという理由などから普及したようです。1958年創業、七島啓氏と娘さんたちがカウンターに立つ福岡・中洲の人気店「ニッカバー七島」、"マッサン"ことニッカウヰスキー創業者・竹鶴政孝氏を支えたリタ夫人の名が付く北海道・小樽の「ニッカバー リタ」、竹鶴氏の故郷である広島県にお店を構える「ニッカバー今市」など、各地にその名が残っています。

シングルモルトの「余市」や「宮城峡」、ピュアモルトの「竹鶴」、ブレンデッドの「鶴」「スーパーニッカ」「フロム ザ バレル」「ブラック ニッカ」、ニッカウヰスキーが所有するスコッチの「ベン・ネヴィス」といったウイスキーから、ニッカウヰスキーの前身・大日本果汁株式会社時代から発売されている「アップルワイン」や「ニッカブランデー」「ニッカシードル」など、ニッカブランドを中心に取り扱うお店が多いですが、ニッカ直営やフランチャイズではないため、それぞれ店主の思いが表れた品揃えとなっています。

都内では、「ニッカバー ウエスタン」が新橋で1957年から営業を続けています。先代が新宿で同名のバーを経営していたそうで、2号店としてオープンしました。スーパーニッカをベースにしたハイボールに、コンビーフを合わせるのがお勧めです。また、南青山のニッカウヰスキー本社ビルB1Fにも「ニッカ ブレンダーズ・バー」があり、ニッカウヰスキーのブレンダーチームがブレンドした特別なウイスキーも提供しています。

BAR INFORMATION

ニッカバー ウエスタン

東京都港区新橋3-17-4　小島ビル2F

Tel.03-5473-8511

営業時間 18:00〜23:00

定休日 土曜・日曜・祝日

席数 20

ソーダでハイボールの美味しさが決まる

ソーダにはもともと炭酸を含んでいる天然炭酸水と、
水に二酸化炭素（炭酸ガス）を溶かした人工的な炭酸水があります。
ハイボールに使われるのは主に後者で、
ガス圧や泡の大きさ、硬度などが異なります。
ハイボールを作る際、半分以上の量を占めるのがソーダ。
いつも同じ銘柄と決めてもいいし、
ベースのウイスキーや自分の好みに合わせて
選んでもいいですね。

●ウイスキーに合うソーダは？

1. ガス圧が高く、炭酸の泡が細かい

シュワシュワとした刺激がありながら、口当たりが柔らかいもの。

2. 軟水

硬水で割ると、ミネラル成分の影響で塩味を感じやすい。塩っぽさのあるウイスキーだと、かなり飲みづらくなってしまう。

3. 人工炭酸水

天然炭酸水だと、単調でぼやけた味わいになりやすい。

4. 瓶入り

ペットボトルは瓶入りに比べて容量があり、何度か使っていくうちに炭酸が抜けてしまうためお店では使われないことが多い。ただ、自宅ではペットボトルのほうが扱いやすい場合も。

●ハイボールにお薦めのソーダ

ウィルキンソン タンサン

●採水地 静岡県富士宮市など ●硬度 非公表

●容量 500ml ●価格 95円(税別) 販売元 アサヒ飲料

1904年、仁王印ウォーターから「ウヰルキンソン タンサン」に名を変えて発売された。100年以上の歴史を持ち、現在バーテンダーに最も選ばれている銘柄ではないだろうか。お店では、リターナブルびん(190ml)が使われることが多い。

ザ・プレミアムソーダ FROM YAMAZAKI

●採水地 大阪府三島郡島本町山崎 ●硬度 非公表

●容量 240ml ●価格 100円(税別) 販売元 サントリーフーズ

日本最古のモルトウイスキー蒸溜所「山崎蒸溜所」があるエリアは名水の里といわれ、かつて千利休が茶室を設けたほど。蒸溜所の仕込み水と同じ天然水を使って、特にウイスキーのソーダ割りに合うように作られている。

天然水スパークリング

●採水地 南アルプス、奥大山　●硬度 約20～30mg
●容量 500ml　●価格 100円（税別）　販売元 サントリーフーズ

アウトドアメーカーである（株）スノーピークと共同開発。ボトルの先端をシャープにすることで飲み口の流量を増やし、体感刺激をアップさせている。キャップを開けた瞬間に音が鳴る仕組みで爽快感を演出しているのも面白い。

カナダドライ ザ・タンサン・ストロング

●採水地 茨城県土浦市など　●硬度 非公表
●容量 490ml　●価格 121円（税別）　販売元 コカ・コーラ

1904年、カナダでソーダ水の製造販売をしていたジョン・J・マクローリンが、ノンアルコールシャンパンとしてジンジャーエールを開発したことから誕生したブランド。水だけでなく炭酸ガスもフィルターを通す装置を採用し、徹底的においしさを追求している。

クラブソーダ

●採水地・硬度 長野県木曽郡・約11mg／ℓ
山梨県富士吉田市・約22mg／ℓ
佐賀県小城市・約35mg／ℓ　など

●容量 500ml　●価格 オープン　販売元 友桝飲料

明治35年創業、小さなラムネ屋から始まり「こどもびぃる」やご当地ドリンクなどで有名な友桝飲料が手掛ける炭酸水。「強炭酸」「蛍の郷の天然水スパークリング」といったラインナップもある。

KUOS プレーン

●採水地 大分県日田市　●硬度 0

●容量 500ml　●価格 120円(税込)　販売元 OTOGINO

大分県日田市は自然豊かな地域で、ビール工場や焼酎の蒸溜所などもある。その地下200mから採水し、独自製法により炭酸を3度に分けて丁寧に混ぜ込んだ強炭酸水。炭酸充填時量は5.5GV（ガスボリューム※）と高め。

※炭酸ガスの含有量を表す単位。充填時のもので、時間の経過とともに徐々に減っていく。

おいしい炭酸水

●採水地 群馬県、長野県、福岡県など ●硬度 非公表(軟水)
●容量 600ml ●価格 130円(税別) 販売元 ポッカサッポロフード&ビバレッジ

純水を100%使用して丁寧に作られた、その名も「おいしい炭酸水」。炭酸の泡を全面に配したデザインで、スタイリッシュなパッケージにリニューアルした。一般的な500mlのペットボトルより大容量。

磨かれて、澄みきった日本の炭酸水

●採水地 福岡県朝倉市柿原 ●硬度 50
●容量 500ml ●価格 105円(税別) 販売元 伊藤園

国土交通省が認定する「水の郷百選」に選ばれた福岡県朝倉市の天然水を使用。2種類のフィルター(活性炭フィルター層とマイクロフィルター層)で天然水を磨き上げている。

銘店のハイボール②

かつてサントリー、ニッカと肩を並べた

オーシャンバー

洋酒ブームといわれた1950年代、オーシャンはサントリー、ニッカと並んで国産ウイスキー大手三社のひとつでした。オーシャンウイスキーを巡る歴史は、社名変更、吸収合併を繰り返したこともあり、かなり複雑なものとなっています。

まず、国産ワインのパイオニアといわれる大黒葡萄酒株式会社がウイスキー事業に参入し、後にオーシャン株式会社と改称。一方で味の素の創業者・鈴木三郎助氏の次男である鈴木忠治氏が設立した昭和酒造株式会社が合成清酒「三楽」の製造を始め、三楽酒造株式会社に改称します。その後「メルシャン」ブランドを有する日清醸造株式会社とオーシャン株式会社を取得、三楽オーシャン株式会社に社名を変更しました。さらにメルシャン株式会社へと社名変更、現在はキリンホールディングス株式会社の傘下となっています。

そんな激動の中で造られたオーシャンウイスキーを広めようと、各地にオーシャンバーが開店したと思われます。いまも営業を続ける横浜・関内のオーシャンバー「クライスラー」は、1950年創業の老舗。チーフバーテンダーの神保利明氏によると、かつては「オーシャン　スペシャルオールド」でハイボールを提供していましたが、入手困難になりベースを「軽井沢12年」に変更、それも在庫が尽きると他社メーカーのウイスキーへと変遷していったそうです。しかし、時代は変わっても年代物のジュークボックス、歴史を感じるファンシーボトルやノベルティグッズが並ぶ内装は一見の価値あり。2007年までは、銀座店も営業していました。

BAR INFORMATION

オーシャンバー クライスラー

神奈川県横浜市中区福富町西通5-5

Tel.045-251-9966

営業時間 18:00〜02:00

定休日 水曜・第3木曜

席数 30

グラス選びも愉しみのひとつ

バーで飲む時はタンブラー、居酒屋で飲む時はジョッキなど、ハイボールが注がれるグラスはシチュエーションによってさまざまです。ハイボールに合う形状や機能、好みのデザインのグラスを探すのも、きっと愉しい時間になるのではないでしょうか。グラスが変われば香りや味わいだけでなく、気分も変わります。

●ハイボールに適したグラスは？

1. 10 ～ 12オンスのタンブラー

底径も口径も変わらない真っ直ぐなグラスはウイスキーの香りが広がりづらいが、炭酸は抜けにくい。底径が小さく、口径が大きいグラスはウイスキーの香りが広がるが、炭酸はやや抜けやすい。炭酸と香り、どちらを重視するかで選ぶ形状が変わってくる。

2. 大型のワイングラス

冷えると味わいが硬くなる傾向があるので、氷無しがお薦め。口径が広いため香りがわかりやすく、アルコールの刺激を感じにくい。ムースのように滑らかな炭酸の口当たりが楽しめる。

3. ロックグラス

しっかりとウイスキーの味わいを楽しみたいなら、ウイスキーと炭酸の比率を1：1にして氷を入れたロックグラスへ。ブレンデッドウイスキーよりも、シングルモルト向き。

リーデル RIEDEL

同じワインでも異なる形状のグラスで飲むと香りや味わいが変わることに着目し、世界で初めてブドウ品種ごとに理想的な形状を開発した。世界中のワイン生産者たちと共に"ワークショップ"と呼ばれるテイスティングを繰り返し、それぞれに合うグラスを決めている。

[ドリンク・スペシフィック・グラスウェア]

ハイボール・グラス

メジャーなしで60mlが注げる機能的なデザイン。通常よりも大きいサイズの氷も入るように作られている。グラスを傾けた時に氷が鼻に当たらないデザイン。

2個入 4,950円（税込）

[タンブラーコレクション]

ルイス ロングドリンク

2017年、イタリア・ベネチアで開催された「リーデル・デザイン・アワード」で革新的デザインによって受賞した若手デザイナー、カイル・ソーラによる作品。

2個入 4,950円(税込)

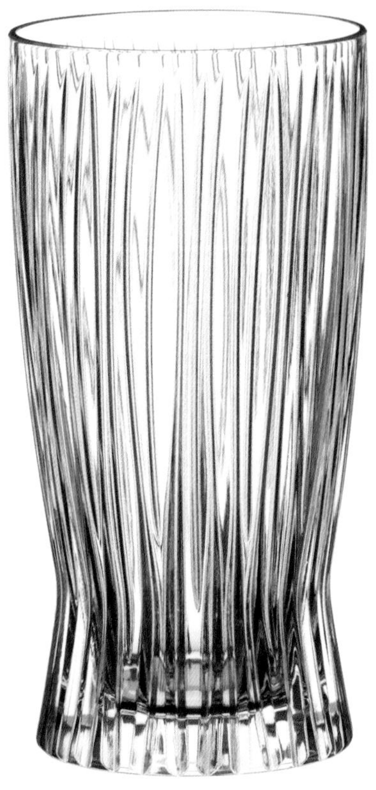

[タンブラーコレクション]

ファイア ロングドリンク

リーデル家10代目当主ゲオルグ・リーデルによる、立ち上る炎のようなデザイン。ダイナミックな見た目に反して軽い持ち心地。

2個入 4,950円(税込)

[オヴァチュア]

マグナム

リーデルグラスのビギナー向けシリーズとして1989年に発表された「オヴァチュア」シリーズ。カジュアルに楽しみたいときに。

2個入 4,950円(税込)

[ヴィノム]

ニューワールド・ピノ・ノワール

マシンメイドでリーズナブルな価格を実現し、世界中に普及したベストセラー「ヴィノム」シリーズのワイングラス。大きなボウルが香りを充分に開かせる。

4,950円(税込)

[リーデル・ワインウイングス]

ピノ・ノワール/ネッビオーロ

フラットなボトムで液体と空気の接触面を広げ、さらに立ち上がった香りをしっかりと鼻まで届けることができるカーブを併せ持つ革新的な高機能グラス。

4,950円(税込)

※ワイングラスに氷を入れたり、バースプーンを入れて使う場合は、傷ついたり割れてしまう可能性があるため注意してください。

[ドリンク・スペシフィック・グラスウェア]

ロック・グラス

バーテンダーのニーズにとことん応えた斬新なカクテルグラス「ドリンク・スペシフィック・グラスウェア」シリーズ。メジャーなしで60mlが注げる機能的なデザイン。

2個入 4,950円(税込)

バカラ BACCARAT

クリスタルガラスのラグジュアリーブランドとして、世界中で愛されているバカラ。その歴史は、1764年にルイ15世の認可のもと、フランス東部・ロレーヌ地方のバカラ村に設立されたことから始まった。「M.O.F.(フランス最優秀職人)」の称号を得た数多くの職人たちを輩出しており、品質の高さを証明している。

アルクール ハイボール

1841年の発売以来、時代を超えて世界中の人々に愛用されているバカラのアイコン「アルクール」。世界中のプレステージな食卓をその煌めきで彩っている。

2客セット 61,600円(税込)

アルクール イヴ ハイボール

女性版の「アルクール」ともいえる上品なデザインの「アルクール イヴ」。フェミニンな軽やかさや、すらりと洗練された立ち姿はまさに貴婦人のよう。

17,050円(税込)

パルメ ハイボール

フランスの代表的な紋様である、楽園に棲む架空の鳥がエッチングで描かれた「パルメ」シリーズ。パリ郊外ランブイエにある大統領の別邸で用いるために制作され、また作家マルセル・プルーストが愛用したことでも知られている。

30,800円（税込）

ローハン ハイボール

ローハンは、フランス北西部にある町の名前。1本のラインで継ぎ目なく描かれた蔓草模様は、1855年のパリ万博で金賞を受賞したアシッドエッチングという装飾技術により施されている。

24,200円（税込）

ベルーガ ハイボール

サヴィネル&ロゼによってデザインされた「ベルーガ」は、グルメをうならせる黒海、カスピ海産のキャビアの名。ラウンドシェイプの装飾が印象的だ。

2客セット 18,700円（税込）

ヴィータ ハイボール

「人生」を意味する名前が付けられた「ヴィータ」。複雑なカットが華やかなきらめきと、深い陰影を織りなす。

9,350円（税込）

ハーモニー ハイボール

1975年に発表された「ハーモニー」。すっきりとした円柱形のフォルムと、ピンストライプのように細く施された端整なカットが特徴。

18,700円（税込）

マッセナ ハイボール

1980年に作られた「マッセナ」は、ナポレオン1世に「勝利の女神の申し子」と称されたフランス陸軍元帥の名が付けられている。重厚感と現代性とが見事に調和した、世界的なベストセラー。

22,000円（税込）

ナンシー ハイボール

バカラ村からほど近い、フランス北部ロレーヌ地方の都市名がつけられたタンブラー。縦、横の直線が交差するカットは、上質な服地の織りを思わせる緻密な美しさを放つ。

22,000円（税込）

アルルカン ハイボール

ヨーロッパの道化芝居、コメディア・デラルテに登場するキャラクター「アルルカン」。施されたカットの反射は鏡のような独特の輝きを見せ、まるで道化師のキラキラ光る衣装のよう。

17,600円（税込）

ミルニュイ ハイボール

千の夜という意味を持つ「ミルニュイ」は、詩的でオリエンタルな雰囲気とモダンなイメージが融合した人気のデザイン。バカラの丹念な技術を浮彫りにする、繊細なプリーツのようなカットが施されている。

11,000円（税込）

アルクール タンブラー

クリスタルのクオリティが堪能できるずっしりと重厚なフォルムと、完璧な仕上げでシャープに施された7面のフラットカット。250年余の歴史を誇るバカラの、この上なく正統なタンブラー。

30,800円（税込）

ローハン タンブラー

「ローハン」シリーズのタンブラー。繊細に描かれたパターンは、液体を注ぐといっそう美しく浮かび上がり、幻想的にきらめく。

21,560円（税込）

タリランド タンブラー

卓越した交渉家の代名詞、フランスの高名な外交官であり、美食家としても知られたタレーラン（タリランド）の名が付けられたタンブラー。大胆なフラットカットで構成された6つの面、口元へ向けて広がるフォルムが複雑な光の反射を生み出す。

24,970円（税込）

パルメ タンブラー

液体を入れるとそのパターンが立体的に浮かび上がり、下部に施されたカットが宝石のようなきらめきを添える。

28,380円(税込)

マッセナ タンブラー

丸みを帯びた斬新なフォルムに流れるようなカットが施され、華やかにきらめくデザイン。

22,000円(税込)

銘店のハイボール③

トリスのハイボールを銀座で初めて提供

銀座 BRICK

銀座8丁目、並木通りにあるバー「銀座BRICK」は煉瓦造りの外観と黄色く光る“BRICK”のサインが目印。間口からは想像もつかない長いカウンターが特徴的で、この場所にありながらリーズナブルな価格設定と15時からのオープン、路面店といった気軽に立ち寄ることができる条件が揃っています。常時開いているメインフロアは1階ですが、地下1階から3階までの4フロアからなるその名も“ブリックビルディング”。1951年に須藤フミ氏が創業、銀座で初めてトリハイを出したお店と言われていて、サントリー創業者・鳥井信治郎氏も来店したそうです。

“サントリーウイスキー”と書かれたメニューにはトリスが300円、ホワイト350円、角400円と、銀座とは思えない価格が並び、ジャパニーズウイスキーはサントリーの商品しか取り扱っていません。昨今の人気から売り切れているものもありますが、山崎や白州、響も価格を抑えて提供しています。

フードは潰さずに乱切りしたじゃがいもと人参で作ったポテトサラダや、マカロニサラダが定番。どちらも自家製マヨネーズで和えたやさしい味わいで、トリスのハイボールと共に愉しむお客が多いとか。そのほか、店名が焼印されたオムレツをはじめ、自家製のシュウマイやコロッケ、グラタン、ピザも人気があります。1953年には八重洲店もオープンしましたが、東京駅八重洲口再開発のため2019年12月をもって閉店してしまいました。現在もBRICKの名を残す、貴重な一軒です。

※2021年夏より、ビル建て替えのため近隣の仮店舗で営業中。2023年夏頃に建て替えが完了し、元の場所で再開する予定。

BAR INFORMATION

銀座BRICK

東京都中央区銀座8-5-5 ブリックビルディング

Tel.03-3571-1180

営業時間 15:00~00:00

定休日 日曜日

席数 130

バーテンダーが作る至極の

ハイボール&フードペアリング

「ハイボールをください」
バーでそう注文すると、実にさまざまなウイスキーとソーダの組み合わせが出てきます。
それは、そのお店やバーテンダーさんの個性が表現された一杯。
バーテンダーさんたちの手にかかると、どのようなハイボールになるのでしょうか。
それぞれのハイボールに合わせたフードもレシピ付きでご紹介していきます。

MIXOLOGY HERITAGE×
伊藤 学
P.148

whisky house Vision×
小林 渉
P.158

Bar Tenderly×櫻井悠奈

P.168

Bar Shinozaki×篠崎新平

P.178

BAR NO'AGE×井谷匡伯

P.188

MIXOLOGY HERITAGE

スーパーハイボール

×ローストビーフの昆布締め ラフロイグ醤油

静かな入り江に面して蒸溜所が建つ「ラフロイグ」は、磯の風味と相性が良い。それなら昆布締めに合うだろうという発想から、ハイボールに使ったラフロイグを料理にも応用した「ローストビーフの昆布締め」。醤油にもラフロイグが垂らしてあり、スモーキーなフレーバーが好きな人にはたまらないはず。まるで昆布出汁のようで、醤油だけでなく魚介系の鍋やしゃぶしゃぶにアクセントとして入れても美味しいですよ。

バーテンダー談　どんなハイボール？

漫画『レモンハート』にも登場した“スーパーハイボール”は、1990年代後半、大泉学園の「BAR レモンハート」在籍時に考案しました。ブレンデッドウイスキーのキーモルト（※）を知って頂く、わかりやすい手法です。ブレンデッドウイスキーのモルト比率が下がり、味の厚みがなくなってきた当時の背景もありますね。キーモルトを上に浮かべることで、ブレンデッドウイスキーの中に入っている香りが引き出され、味が共鳴します。今回は、「ロングジョン」とキーモルトの「ラフロイグ」。ロングジョンはお手頃なアイテムで、ご自宅でも気軽に試せて飲み飽きないウイスキーです。ラフロイグのスモーキーさと旨味から生まれる余韻をお愉しみください。同じ比率で作る「ジョニーウォーカー ブラックラベル 12年」＋「タリスカー」または「ジョニーウォーカー レッドラベル」＋「タリスカー」、「バランタイン ファイネスト」＋「アードベッグ 10年」のスーパーハイボールもお薦めです。

※キーモルト
大麦麦芽のみを原料にした「モルトウイスキー」と、それ以外の穀物も原料にした「グレーンウイスキー」をブレンドすることで、ブレンデッドウイスキーは生まれる。スコットランドでは、さまざまな蒸溜所のウイスキーが何十種類もブレンドされてブレンデッドウイスキーが造られるが、中でもそのフレーバーの鍵となるモルト原酒を「キーモルト」と呼ぶ。

HIGH BALL RECIPE

スーパーハイボール

ロングジョン……30ml
ラフロイグ 10年……5ml
炭酸（ウィルキンソン）……80ml

作り方

❶ 氷を入れたタンブラーに、ロングジョンと炭酸を注いで混ぜる。
❷ ラフロイグをフロートする。

FOOD RECIPE

ローストビーフの昆布締め ラフロイグ醤油

材料

ローストビーフ …… 適量
昆布 …… 1枚
ラフロイグ 10年 …… 適量
ラフロイグ醤油※ …… 適量

※ラフロイグ醤油
醤油にラフロイグを少量垂らす。

作り方

❶ ラフロイグをペーパータオルに吸わせ、昆布を拭く（昆布を柔らかくして伸ばす）。
❷ ローストビーフを❶の昆布で挟み、ラップで包み1時間置く。
❸ 昆布をはがし、皿に盛り付ける。
❹ ラフロイグ醤油を添える。

カリベッグハイボール
×ホタテのアイラウォーター浸けグリル

貝類なら何でも合う「カリラ」をベースにしたハイボールと、カリラ入りの“アイラウォーター（塩水）”に浸け込んだ「ホタテのグリル」の組み合わせ。飲んで食べれば、スコットランド・アイラ島の海の香りが漂ってきます。浸けて炙っただけのシンプルな一品で、牡蠣などのほかの貝類でも是非試してみてください。バーナーがなければ、フライパンや網焼きなどで表面を炙っても。

バーテンダー談　どんなハイボール？

「カリラ」と「アードベッグ」をブレンドした“カリベッグ”がベース。共にスコットランド・アイラ島にある蒸溜所で、カリラは甘さと潮っぽさが共存するライトな味わい、アードベッグは強烈なスモーキーさを持つシングルモルトウイスキーです。ポイントは、カリラとアードベッグを2:1で混ぜることで生まれる潮の風味とヨード香。考案した2000年頃、スタンダードなオフィシャルのボトルを2：1で混ぜてひたすら検証した結果、秀逸なブレンドが出来上がりました。カリラとアードベッグの組み合わせ、しかも2：1の比率でないとこのような海のミネラル感は出ません。これほど塩っぽく、磯の香りがするのには驚きます。

HIGH BALL RECIPE

カリベッグハイボール

カリラ 12年 …… 20ml
アードベッグ 10年 …… 10ml
炭酸 …… 80ml

作り方

❶ カリラとアードベッグをロックグラスなどに入れ、混ぜる（プレミックス）。
❷ タンブラーに氷を入れ、❶を注ぐ。
❸ 炭酸を加えて混ぜる。

FOOD RECIPE

ホタテのアイラウォーター浸けグリル

材料

ホタテ(貝柱・生食用) …… 適量
アイラウォーター※ …… 適量
塩 …… 適量

※アイラウォーター
500mlの水に15gの塩を溶かし(海水の塩分濃度である3%にする)、カリラ20ml、アードベッグ10mlを混ぜる。

作り方

1. タッパーにアイラウォーターを入れ、ホタテを6時間以上浸ける。
2. ホタテの水分をペーパータオルなどでしっかり拭き取る。
3. ホタテの表面をバーナーで炙り、塩を添える。

MIXOLOGY HERITAGE

アイリッシュコーヒーハイボール

× アイリッシュウイスキー浸け レーズンクリームチーズ

ホットコーヒーとアイリッシュウイスキーを混ぜ、ホイップした生クリームを浮かべたカクテル「アイリッシュコーヒー」をハイボールにしてみたら……？　想像以上の美味しさに、びっくりするかもしれません。ベースに使ったウイスキーをレーズンとクリームチーズに混ぜれば、間違いのないペアリングの出来上がり。1本のウイスキーでコーヒー豆を浸けた味わいとそのままの味わい、二度愉しめるのも良いのです。

バーテンダー談　どんなハイボール？

コーヒー豆を浸けたウイスキーのハイボールは見かけますが、生クリームをのせた“アイリッシュコーヒー”のハイボールは恐らくなかったのではないでしょうか。バリスタの石谷貴之さんとアイリッシュコーヒーの勉強をしたのがきっかけで、「アイリッシュコーヒーハイボール」があったら面白いかもしれないと考案した一杯です。ただ、コーヒーと砂糖をウイスキーに浸けるとコーヒーの香りが強くなりすぎるので、コーヒー豆を浸けた後にシロップを加えてバランスを取りました。また、シロップを加えることで生クリームがしっかりと浮かびます。「ジェムソン」を最後に少量垂らすと、アイリッシュウイスキーのトロピカル香とコーヒーの華やかなフレーバーが引き立ちます。

HIGH BALL RECIPE

アイリッシュコーヒーハイボール

コーヒーインフューズ・
ジェムソン ブラック・バレル※ ……… 40ml
炭酸 ……… 80ml
生クリーム ……… 60ml
ジェムソン ブラック・バレル ……… 5ml

※コーヒーインフューズ・ジェムソン ブラック・バレル
ジェムソン ブラック・バレル350ml（ボトルの半量）にフレンチローストコーヒー豆30gを入れ、4日間浸けて濾す（出来上がりは300ml）。シンプル・シロップ（カリブシロップなど）100mlを入れて混ぜ、瓶などで保存する。

作り方

❶ 氷を入れたタンブラーに、コーヒーインフューズしたジェムソンと炭酸を注いで混ぜる。
❷ クリーマーやホイッパーで生クリームを7分立てにする。
❸ ❷をゆっくりフロートし、ジェムソンをその上から垂らす。

FOOD RECIPE

アイリッシュウイスキー浸け レーズンクリームチーズ

材料

コーヒーインフューズ・
ジェムソン ブラック・バレル ……… 50ml
ドライレーズン ……… 100g
クリームチーズ ……… 200g
ドライイチジク ……… 1個
ドライアプリコット ……… 1個

作り方

❶ ドライレーズンとコーヒーインフューズしたジェムソンをビニール袋に入れてよく揉む。
❷ ❶が柔らかくなったらボウルなどに移し、クリームチーズを入れて混ぜる。
❸ ❷を皿に盛り付け、ドライイチジクとドライアプリコットを半分にカットして添える。

究極のクラシックカクテルを追求し、継承に力を注ぐ巨匠

20歳で新宿の「カクテルバー・ギブソン」(現在は閉店)に勤めながら、伝説的バー「いないいないばぁー」の藤田佳朗氏に師事していた伊藤氏。当時よりオールドボトルに魅せられ、藤田氏の作るジン・リッキーからカクテルの奥深さを知り、バーテンダーという職業にのめり込んだ。1993年、愛読書だったという漫画『BARレモン・ハート』の著者・古谷三敏氏が経営する「BARレモンハート」に移り、16年にわたって勤務。全国から来店する読者を接客しながら、お酒の知識だけでなくバーフードの研究も進め、燻製や肉料理が得意だ。その後、六本木のバー「Ne Plus Ultra」でマスターバーテンダーを務め、スピリッツ&シェアリング株式会社へ。スタッフへの技術指導をしながら究極のクラシックの分析と継承、新しいクラシックの創造を追求し続けている。

伊藤　学氏

秋田県出身。スピリッツ＆シェアリング株式会社のクラシックカクテル部門統括兼マスターバーテンダーとして「MIXOLOGY HERITAGE」のカウンターに立つ。著書に『バーという嗜み』(洋泉社)がある。
●個人的に好きなウイスキーソーダの組み合わせ
ジェムソン／白州ノンヴィンテージ＋ウィルキンソン

BAR INFORMATION

MIXOLOGY HERITAGE　ミクソロジーヘリテージ

東京都千代田区内幸町1-7-1 日比谷OKUROJI
Tel.03-6205-7177　ホームページ http://spirits-sharing.com/
営業時間 15:00〜24:00(L.O 23:30)
定休日 不定休 (日比谷OKUROJIのHPをご確認ください)
席数 20

- お店で定番のハイボール：ジョニーウォーカーオールドブレンド／バランタインオールドブレンド／デュワーズオールドブレンド／ホワイトホースオールドブレンド／ラフロイグブレンド＋ウィルキンソン
- お薦めのウイスキーカクテル：オールドファッションド／卵白入りのウイスキーサワー／モーニング・グローリー・フィズ

whisky house Vision

ロブロイハイボール
×ウイスキー入りミートソースパスタ

ほのかに甘いハイボールに合わせたのは、野菜がたっぷり入った「ミートソースパスタ」。多めに入れたトマトを煮込むことで本来の甘味と塩味を引き出し、凝縮された旨味のあるミートソースに仕上げました。ハイボールと料理、それぞれの甘さが異なるためかしつこくなく、杯が進みます。ミートソースに入れる赤ワインは「フルボディ」、ウイスキーは「ジョニーウォーカー ブラックラベル 12年」など、シェリー香の強いものがお薦め。ウイスキーを加えることでコクが出ます。

バーテンダー談　どんなハイボール？

スコッチウイスキーをベースに、スイート・ベルモットとアンゴスチュラ・ビターズを加えてステアするカクテル、“ロブ・ロイ”のハイボール版です。ウイスキーカクテルはアルコール度数が強めのものが多いので、一杯目として気軽に召し上がって頂くコンセプトで作りました。毎年、ハイボール需要が高まる夏に変わり種ハイボールをいくつかオンメニューしていまして、その中で最もご注文頂く一杯です。スイート・ベルモットに甘味があるため、ベースはすっきりとした味わいの「デュワーズ ホワイト・ラベル」を。もう少し甘味が欲しいなら「オールドパー」、シングルモルトをベースにするなら「グレンモーレンジィ オリジナル」がお薦めです。ほかにも“マンハッタン”、“ラスティ・ネイル”のハイボールもお作りしています。

HIGH BALL RECIPE

ロブロイハイボール

デュワーズ ホワイト・ラベル……30ml
スイート・ベルモット……15ml
アンゴスチュラ・ビターズ……2 dashes
炭酸……90ml
オレンジピール……1片

作り方

1. タンブラーに氷と水を入れてステアし、水を捨てる。
2. デュワーズ、ベルモット、ビターズを❶に入れて、20 ～ 30回ほどステアする。
3. 炭酸を加えて、軽くステアする。
4. オレンジピールをかけて、グラスに飾る。

※1dashは約1ml（ビターズボトル1振り分）

FOOD RECIPE

ウイスキー入りミートソースパスタ

材料

ミートソース(4食分)

オリーブオイル ………… 適量
合い挽き肉(牛豚) ………… 200g
薄切りベーコン ………… 2枚
セロリ(みじん切り) ………… 1/5本
玉ねぎ(みじん切り) ………… 1と1/5個
人参(すりおろし) ………… 1/5本
りんご(すりおろし) ………… 1/5個
ケチャップ ………… 160g
カットトマト ………… 160g
トマトピューレ ………… 80g
中濃ソース ………… 12ml
醤油 ………… 12ml
赤ワイン(フルボディ) ………… 1/5本
ジョニーウォーカー ブラックラベル 12年 …… 12ml
パスタ(スパゲッティ) ………… 適量

作り方

❶ 鍋にオリーブオイルを入れてベーコンを炒め、ベーコンの油を出す。
❷ 玉ねぎを加え、透明になるまで炒める。
❸ フライパンに合い挽き肉を入れて表面を固め、肉汁を閉じ込めるように炒める。
❹ ❷に❸の挽き肉、セロリ、人参、りんごを入れ、中火で10分ほど炒める。
❺ ケチャップ、カットトマト、トマトピューレ、中濃ソース、醤油、赤ワイン、ウイスキーを加える。
❻ 中火で焦がさないようにかき混ぜながら、3時間以上煮込む。
❼ ❻を茹でたパスタにかける。

whisky house Vision

自家製「響」ハイボール
×コンビーフのホットサンド

コンビーフやチェダーチーズが入った濃厚な味わいの「ホットサンド」に、すっきりとした味わいのハイボールがマッチしないわけがありません。前頁のミートソースや、スモークサーモン+マヨネーズ+ディルなど、具材を変えても愉しめます。自家製でブレンデッドウイスキーの「響」を作るだけでなく、「山崎」、「白州」、「知多」、それぞれのハイボールも試してみてください。きっと、お気に入りが見つかるはず。

バーテンダー談　どんなハイボール？

数々のコンペティションで受賞し、最高峰のブレンデッドウイスキーとして人気の高いサントリーの「響」は、その価格や希少性から入手しづらいボトルです。そこで、響にブレンドされているシングルモルトの「山崎」や「白州」、グレーンの「知多」を混ぜ、即席で響をイメージしたハイボールを作ってみました。水を少量入れてスワリングすると、一体感が出ます。❶の工程は少し手間がかかりますが、グラスを冷やすのと氷を洗うためで、氷の表面温度を上げると苦味が出にくくなるので試してみてください。最後に、❷のワイングラスに残った少量のウイスキーをフロートすれば、香りがより立って美味しくなります。ワイングラスに漂う香りを感じながら、ハイボールを飲んでもいいですね。

HIGH BALL RECIPE

自家製「響」ハイボール

山崎 ……… 15ml
白州 ……… 15ml
知多 ……… 1 tsp
水 ……… 1 tsp
炭酸 ……… 90ml

❶ タンブラーに氷と水を入れてステアし、水を捨てる。
❷ ワイングラスに山崎、白州、知多、水を入れ、30秒間スワリング（※）する。
❸ ❷を❶に注ぎ、20 〜 30回ほどステアする。
❹ 炭酸を加え、軽くステアする。
❺ ❷のワイングラスに残ったウイスキーを、❹にフロートする。

※1tspは約5ml（バースプーン1杯分）

※スワリング
ワイングラスを回すこと（右利きの人は反時計回り、左利きの人は時計回り）。

FOOD RECIPE

コンビーフのホットサンド

材料

食パン(8枚切り) ……… 2枚
マヨネーズ ……… 適量
コンビーフ …… 40g(ノザキのコンビーフ半量)
黒胡椒 ……… 少々
チェダーチーズスライス ……… 1枚
シュレッドチーズ ……… 約10g
レタス ……… 約10g
バター ……… 20g

作り方

❶ ホットサンドメーカーの両面に、バターをのせる。
❷ 食パン2枚の片面に、それぞれマヨネースを塗る。
❸ ❷のうち1枚にコンビーフを広げ、黒胡椒をふる。
❹ ❸の上にチェダーチーズスライス、シュレッドチーズ、レタスをのせる。
❺ もう1枚の食パンを重ね、ホットサンドメーカーにセットする。
❻ 焦がさないよう、こまめに確認しながら両面を中火で約3～4分ずつ焼く。

whisky house Vision

whisky house Vision

ポートシャーロットハイボール

×佐賀牛ステーキ

スモーキーなハイボール、召し上がったことはありますか?　初めはちょっと刺激的で個性が強いように感じていたのに、気がついたらそのフレーバーの虜になっていた……なんてことも。ウイスキーの燻製香が鼻に抜けた後に続く「ステーキ」の香ばしさと肉汁が、再びハイボールを欲します。お肉は佐賀牛でなくても、お好みのものを。部位は肩ロース、または入手できれば“シンシン(もも肉の希少部位)”がお薦めです。

バーテンダー談　どんなハイボール？

スモーキーな風味を持つウイスキーの中でも、燻製のような香りのする“ピート香”がかなり強いシングルモルト、「ポートシャーロット」と「オクトモア」を使ったハイボールです。同じブルックラディ蒸溜所で造られるブランドで、オクトモアは世界で最も強いピート香を持つと言われています。ポートシャーロットだけでもピーティですが、オクトモアを足してさらに香りを引き立たせました。グラスの周りにも香りをつけるため、フロートではなくスプレーしています。「グラスをきちんと冷やす」、「氷を1度水にくぐらせる」、「氷を入れた後のステアをしっかりする」。この3点がハイボールを作るときのポイントだと個人的には考えています。

HIGH BALL RECIPE

ポートシャーロットハイボール

ポートシャーロット 10年 ………… 30ml
炭酸 ………… 90ml
オクトモア 10.1 ………… 2 spray

作り方

❶ タンブラーに氷と水を入れてステアし、水を捨てる。
❷ ❶にポートシャーロットを注ぎ、20～30回ほどステアする。
❸ 炭酸を加えて、軽くステアする。
❹ グラスの縁に左右から1回ずつ、オクトモアをスプレーする。　※100円ショップなどで販売されている、「アトマイザー」などを使用してスプレーする。

FOOD RECIPE

佐賀牛ステーキ

材料

佐賀牛(1.5～2cm厚にカット) ……… 150g
塩 ……… 約1g
胡椒 ……… 約2g
ハーブサラダ ……… 適量
ピクルス(きゅうり) ……… 2本
トリュフ塩 ……… 適量
わさび醤油 ……… 適量

作り方

❶ 牛肉に塩と胡椒をかけ、片面を4分ずつ、側面を2分ずつ焼く。
❷ アルミホイルに包んで4分ほど置き、カットする。
❸ ❷をハーブサラダ、ピクルスと共に皿に盛り付ける。
❹ トリュフ塩とわさび醤油を添える。

whisky house Vision

ウイスキープロフェッショナルとしてさまざまな楽しみ方を提言

日本マクドナルド株式会社に入社し、店舗勤務後に本社でシステム開発の業務に携わっていた小林氏がバーテンダーの道に進んだのは、2010年のこと。渋谷の店舗（現在は閉店）で修行し、翌年に現在マネージャーとしてカウンターに立つ「Vision」へ配属された。開業以来、ほぼ全てのウイスキーを1杯千円以内で提供するというスタイルで、多くのウイスキーファンを生み出しているお店だ。ステーキの美味しいバーとしても知られており、そのために足繁く通う客も。ウイスキー文化研究所公認のウイスキープロフェッショナル、キューバのプレミアムシガー販売元Habanos S.A.による"Habanos Point"認定店として、ウイスキーとシガーの魅力を広めている。

小林 渉 氏

東京都武蔵野市出身。2010年、有限会社 アズザクロウフライに入社。その後自社を立ち上げ、アズザクロウフライとのマネジメント契約を締結、株式会社アクアライアンス　代表取締役に。

●個人的に好きなウイスキーソーダの組み合わせ
グレンフィディック12年／グレンモーレンジィ18年／アードベッグウーガダール＋ハイサワーSODA

BAR INFORMATION

whisky house Vision　ウイスキーハウス　ビジョン

東京都武蔵野市吉祥寺本町1-11-8耶馬ビルB1

Tel.0422-20-2023　ホームページ https://atcf.jp/vision/

営業時間 月〜土18:00〜02:00／日・祝18:00〜00:00

定休日 無休

席数 16

● お店で定番のハイボール：グレンモーレンジィ／タリスカー／カリラ／グレンドロナック＋松園式炭酸水

● お薦めのウイスキーカクテル：ハイランドクーラー

Bar Tenderly

カバラン&シェリーハイボール

×テンダリー自家製レーズンバター

2008年に販売が開始されてから、完成度の高さで瞬く間に話題となった台湾のウイスキー「カバラン」をベースにしたハイボールと、お店で人気の高い「レーズンバター」のペアリング。レーズンバターに使用するシェリーをハイボールにも少量加えると、甘い香りながらさっぱりとした後味に。これがまた、レーズンバターを誘います。より香りを愉しむため、ワイングラスで作るハイボールです。

バーテンダー談　どんなハイボール？

6種類の樽の原酒を調合した「カバラン クラシック」は、滑らかな口当たりでバランスの良いウイスキーです。使用されているシェリー樽や、カバランに感じるバニラ香からヒントを得て、ミディアムスイートタイプのオロロソシェリーと、バニラエッセンスを加えたハイボールに仕上げました。作るときのポイントは、「水っぽくならないよう大きめの氷を使うこと」と、「グラスの側面と氷の間を狙って、氷になるべく当てずに炭酸を注ぐこと」です。さらにウイスキー、ソーダ、グラスの3つを冷やしておくと、コンビニの氷でも美味しく作れますよ。1回目のスワリングは香りを立たせるため、2回目は冷やす目的で、それぞれ細かいですが大事な工程なので試してみてください。ハイボールを飲み終えたら、ストレートやロックでもカバランを愉しんで頂けたら嬉しいです。

HIGH BALL RECIPE

カバラン＆シェリーハイボール

カバラン
クラシック シングルモルトウイスキー……30ml
バルデスピノ
ソレラ 1842 オロロソシェリー……5ml
バニラエッセンス……3滴
炭酸……80ml

作り方

1. カバランとシェリーをワイングラスに注ぎ、60回ほどスワリングする。
2. 氷を2個入れてバニラエッセンスを垂らし、冷やすように5回ほどスワリングする。
3. さらに氷を1個加えて、炭酸を注ぐ。
4. 氷を持ち上げるようにして1回ステアする。

FOOD RECIPE

テンダリー自家製レーズンバター

材料

バゲット……1本
無塩バター……300g
砂糖……100g
浸け込みレーズン※……適量
チャービル……適量

※浸け込みレーズン
浸け込む容器を煮沸して、乾燥させておく。レーズン130g、はちみつ30g、シェリー 60mlを入れ、かき混ぜながら1週間浸け込む。

作り方

❶ 無塩バターを常温に戻し、砂糖を混ぜてホイップする。
❷ ❶に浸け込みレーズンを混ぜ合わせる。
❸ バゲットの両端を切り落とし、トングなどで中をくり抜く。
❹ くり抜いたバゲットの中に❷を入れ、冷凍庫で冷やし固める。
❺ バゲットをカットして皿に盛り付け、チャービルを添える。

Bar Tenderly

ワイルドターキーのスパイシーハイボール

×セージ香るチキンソテー

爽やかでほろ苦いセージが、ハイボールと料理をつなぐポイント。ライ麦由来のスパイシーさと心地よい甘さのあるバーボン、「ワイルドターキー」にセージを合わせると、不思議と青りんごのような香りがします。「チキンソテー」にもセージを入れて、ハーブが香るすっきりとした味わいのペアリングに。いろいろなハーブやスパイスでハイボールを作ってみたくなりますね。

バーテンダー談　どんなハイボール？

「ワイルドターキー」は、蒸溜所のオーナーだったトーマス・マッカーシーが七面鳥の狩りへ出かける際に持参して好評を博したバーボンだそうです。狩り仲間の1人がそれをワイルドターキーと呼び始め、ブランド名になったというストーリーから、七面鳥を使った料理のレシピに出てくるオールスパイスとセージを加えたハイボールを創作しました。❶でグラスに入れる氷は、可能であればグラスの底と同じくらいの面積のものを。ウイスキーを注いだときに氷がちょうど隠れるほどの大きさが溶けにくいですね。純氷ならステアは20回、そうでなければ10回程度に。特に、製氷機の氷を使用する場合はボトルを冷やしておきましょう。シロップは少量しか使わないので、余ったら紅茶に入れても美味しいです。また、ワイルドターキーはオレンジと相性が良いので、お好みでオレンジだけを使ったり、果肉も入れて作ってみてください。

HIGH BALL RECIPE

ワイルドターキーのスパイシーハイボール

ワイルドターキー 8年 ………… 40ml
オールスパイス ………… 2振り
自家製シトラスハニーシロップ※ ………… 5ml
炭酸 ………… 120ml
セージ ………… 1枝

※自家製シトラスハニーシロップ
浸け込む容器を煮沸して、乾燥させておく。レモン、グレープフルーツ、オレンジの皮（各1個分・できれば無農薬のもの）の白いわたをしっかり取り除き、千切りにする。容器に蜂蜜250gと千切りにした皮を入れ、充分にかき混ぜる。1日1回かき混ぜながら、1週間ほど浸け込む。

作り方

❶ 氷を1個入れたグラスに、ワイルドターキー、オールスパイス、シロップを入れて10～20回ほどステアする。
❷ 大きめの氷を1個加えて、炭酸を注ぐ。
❸ 氷を持ち上げるように1回ステアし、セージを飾る。

FOOD RECIPE

セージ香るチキンソテー

材料

鶏もも肉……250g
ハーブソルト……小さじ1/4
ブラックペッパー……小さじ1/4
セージ……3g
オリーブオイル……小さじ2
トマト、レタス……適量

作り方

❶ 食べやすい大きさにカットしたもも肉をボウルに入れ、ハーブソルトとブラックペッパーをまぶして擦り込む。

❷ フライパンを中火で熱し、オリーブオイルとセージを入れて焼く。香りが出たらセージを取り出す。

❸ もも肉の皮目を下にして中火で焼き、焼き目がついたら裏返す。

❹ 蓋をして5分ほど蒸し焼きにし、全体に火が通ったら皿に盛り付ける。

❺ トマトとレタスを添える。

Bar Tenderly

Bar Tenderly

宮城峡ハイボール × ずんだ餅

宮城県仙台市で造られるシングルモルトのハイボールを飲みながら、同じ地域の郷土料理を。フルーティでみずみずしく華やかな「宮城峡」に自家製のリンゴ氷を加えることで、さらに軽快で飲みやすいハイボールになりました。その飲み口に合わせ、「ずんだ餅」も甘さ控えめに。本来、ずんだ餅は枝付きの枝豆をすり鉢で潰しますが、お手軽に愉しんで頂くため簡単なレシピにしています。リンゴ氷に使ったアップルリキュールやシロップは、バニラアイスにかけたりケーキなどのお菓子作りにも使えますよ。

バーテンダー談　どんなハイボール？

「時間が経って、氷が溶けても美味しいハイボールを作りたい」、という思いから考案した一杯です。宮城峡はニッカウヰスキーの蒸溜所ですが、ニッカを漢字で書くと「日果」、その前身は大日本果汁株式会社というリンゴジュースなどを造る会社でした。リンゴ氷はジュースだけでなく、リキュールとシロップを混ぜることで固さと味わいの調整をしています。ステアをほとんどしないレシピなので、宮城峡は冷蔵庫で冷やしておいてください。炭酸だと少し甘味が足りないという場合は、ジンジャーエールに変えると一気に飲みやすくなります。飲み進めるうちにリンゴ氷が溶け、徐々に味に変化が出てくるのも面白いですよ。

HIGH BALL RECIPE

宮城峡ハイボール

シングルモルト宮城峡 …… 40ml
炭酸 …… 120ml
自家製リンゴ氷※ …… 適量

※自家製リンゴ氷
100%リンゴジュース60ml、ルジェ グリーンアップル・リキュール10mlをよくかき混ぜ、製氷皿に入れて冷凍庫で冷やし固める。

作り方

1. 自家製リンゴ氷をグラスに入れ、宮城峡を注ぐ。
2. グラスの側面を這うように炭酸を加え、軽く1回ステアする。

FOOD RECIPE

ずんだ餅

材料

冷凍枝豆……150g
三温糖……大さじ3
塩……ふたつまみ
水……50ml
切り餅（白玉でも可）……5個

作り方

❶ 豆をさやから出し、薄皮を取っておく。
❷ ミキサーに餅以外の材料を入れて、回し潰す。
❸ 食べやすいよう1/4にカットした切り餅を、沸騰したお湯で茹でる。
❹ ❸の上に❷を盛り付ける。

Bar Tenderly

台湾のウイスキー「カバラン」のブランドアンバサダーとして活躍

現在バーテンダー歴5年の櫻井氏が初めてバーテンダーとしてカウンターに立ったのは、五反田と蒲田にお店をかまえる「BAR ChefTENDER」だった。"シェフもできるバーテンダー"として研鑽を積み、2019年に大森のバー「Bar Tenderly」へ入社。PBO（NPO法人プロフェッショナル・バーテンダーズ機構）初の女性チェアマンとなる宮崎優子氏のもとで、さまざまな技術や接客を学んでいる。また、台湾のウイスキー「カバラン」のブランドアンバサダーとして都内をはじめ、全国各地でセミナーを開催。カバランの創設から歴史、製造工程などを伝えている。

櫻井　悠奈 氏

宮城県宮城郡利府町出身。株式会社モンテローザ、株式会社プロントコーポレーションでの勤務を経た後、バーテンダーに。「横浜インターナショナルカクテルコンペティション2019」金賞受賞、ラムコンシェルジュ。

●個人的に好きなウイスキーソーダの組み合わせ
カバラン バーボンカスク／ジョニーウォーカー ブラックラベル 12年／ラフロイグ10年＋ウィルキンソン

BAR INFORMATION

Bar Tenderly　バー　テンダリー

東京都大田区大森北1-33-11 大森北パークビル2F

Tel.03-3298-2155　ホームページ www.tenderly.bar

営業時間 月～金18:00～24:00／土15:00～22:00／日15:00～22:00

定休日 祝日の月曜日

席数 21

● お店で定番のハイボール：デュワーズ15年＋ウィルキンソン

● お薦めのウイスキーカクテル：ハイランドクーラー／ミントジュレップ／アイリッシュコーヒー

Bar Shinozaki

シングルトンとリンゴ酢と塩のハイボール
×魚介と野菜のエスカリバーダ

スペインのカタルーニャ地方で「エスカリバーダ」と呼ばれる、オリーブオイルと酢を使ったグリル野菜のマリネに、シーフードミックスで手軽に魚介を加え、さっぱりとした味わいのハイボールと合わせました。野菜の甘味とドレッシングの酸味が効いた料理に、フルーティで快い酸味のあるハイボールがマッチします。魚介のマリネなどによく使われ、ビネガーと相性が良いディルをあえてハイボールに入れることで、エスカリバーダとのつなぎ役に。和食なら、〆鯖やままかりの酢漬などもこのハイボールに合います。

バーテンダー談　どんなハイボール？

流行りの“塩レモンハイボール”や、“塩レモンサワー”から着想して創作しました。ベースは、フルーティで爽やかな「シングルトン」。当店のハウスウイスキーで、ソーダで割るとリンゴのフレーバーが出てくるのが魅力です。その香りをさらに引き立たせるため、アップルビネガーを加えました。ビネガーとディル（ハーブ）、ディルとシングルトンそれぞれの相性が良く、ビネガーを使うとヘルシーな印象になりますね。当初は塩をひとつまみ入れるレシピでしたが、全体のバランスが取れるよう、甘味とディルを足してシロップを作りました。最後に飾るリンゴスライスは無くても良いですが、あったほうが香りと見た目が華やかになります。

HIGH BALL RECIPE

シングルトンとリンゴ酢と塩のハイボール

ザ シングルトン ダフタウン 12年 ………… 30ml
炭酸 ………… 120ml
アップルビネガー ………… 5ml
アップルタイザー・
ソルティ・ディル・シロップ※ ………… 10ml
リンゴスライス ………… 3枚

※アップルタイザー・ソルティ・ディル・シロップ
鍋にアップルタイザー 1本（275ml）とディル5gを入れ、中火で5分煮る。火を止めて蓋をし、10分ほど蒸らす。ディルを取り除き、濾しながらボウルに移す。上白糖90gとシーソルト8gを加え、余熱があるうちにホイッパーで溶かし混ぜる。氷水を入れたボウルで粗熱を取る。

❶ 氷を入れたグラスにシングルトン、アップルビネガー、シロップを加えて20回ほどステアする。
❷ 炭酸を注ぎ、静かに1回混ぜる。
❸ リンゴスライスを飾る。

FOOD RECIPE

魚介と野菜のエスカリバーダ

材 料（1人前）

シーフードミックス ………… 50g
トマト ………… 1/4個
玉ねぎ ………… 1/4個
パプリカ ………… 1/2個
グリーンオリーブ（種抜き） ………… 8個
マリネ液（以下）
オリーブオイル ………… 大さじ1/2
アップルビネガー ………… 大さじ1/2
塩 ………… 小さじ1/2
胡椒 ………… 小さじ1/2
乾燥パセリ ………… 小さじ1/2

作り方

❶ 種を取ったトマト、玉ねぎ、グリーンオリーブを8mmのざく切りにし、パプリカはくし切りにする。
❷ マリネ液の材料をボウルに入れ、ホイッパーで乳化するまでよく混ぜる。
❸ ❶と❷を混ぜ、小瓶などに入れて半日以上置く。
❹ 鍋にシーフードミックスと水（具材がかぶる程度より少し多め）を入れて強火にかけ、沸騰したら火を止めて冷水で冷やす。
❺ ❹の水気をしっかり切り、❸と混ぜ合わせる。

Bar Shinozaki

ボウモア12年と切り昆布風味のハイボール

×時短な牡蠣の昆布焼き

牡蠣と「ボウモア」の組み合わせは、ウイスキー好きなら一度は耳にしたことがあるかもしれません。スコットランド・アイラ島には、牡蠣にボウモアを垂らすという食べ方があり、それを洗練させたのがこちらのペアリング。昆布を浸け込んだボウモアはアルコール感が和らぎ、旨味が優しく染み渡るハイボールになりました。口に含むと、牡蠣とその上にかかった青海苔の風味をつい欲してしまいます。

バーテンダー談　どんなハイボール？

海抜0メートルに位置した貯蔵庫がある「ボウモア」は、潮風の影響を受けて造られるため潮の香りが特徴的で、“海のシングルモルト”とも言われています。そのボウモアに昆布を浸け込んで、炭酸で割るだけのシンプルな作り方。アルコール度数が高いと昆布のぬめりやえぐ味が出てきてしまいますが、40%の「ボウモア 12年」ならその心配はありません。冷やしすぎるとボウモアのフレーバーが昆布に隠れてしまうので、ステアは13回程度に。これは、ボウモア蒸溜所を所有するサントリーが提唱している回数です。飲んでいくうちに、昆布の旨味が徐々に広がるハイボールをお愉しみください。

HIGH BALL RECIPE

ボウモア 12 年と切り昆布風味のハイボール

ボウモア 12年 昆布インフューズ※ …… 30ml
炭酸 …… 90ml

※ボウモア12年 昆布インフューズ
ボウモア 12年と切り昆布を10:1の割合で容器に入れ、3日間浸け込む（ボトルに直接昆布を入れる場合、昆布はそのままで取り出さなくても良い）。

作り方

❶ 氷を入れたグラスに昆布をインフューズしたボウモアを加え、13回ほどステアする。
❷ 炭酸を注ぎ、静かに1回転半混ぜる。

FOOD RECIPE

時短な牡蠣の昆布焼き

材 料(1人前)

冷凍牡蠣 ………… 4個
水 ………… 100ml
調理酒または白ワイン ………… 50ml
塩 ………… 小さじ1
コンソメ ………… 小さじ1/2
切り出し昆布 ………… 4片
パン粉 ………… 大さじ1
青海苔 ………… 小さじ1/3
穂紫蘇 ………… 1本

作り方

❶ 鍋に水、調理酒、塩、コンソメ、切り出し昆布を入れ、ひと煮立ちしたら昆布をザルにあげる。

❷ 昆布の上に牡蠣をのせ、オーブントースターまたはレンジのオーブンモードで3 ～ 4分焼く。

❸ ❷を皿に盛り付け、パン粉、青海苔、穂紫蘇を飾る。

Bar Shinozaki

Bar Shinozaki

グレンモーレンジィと柚子蜜&ローズマリー・シロップのハイボール
×万能ダレを使用したチーズタッカルビ風

日本の家庭で馴染みのある“甘じょっぱい”料理に合うハイボールを作れたら、きっといろいろな料理と共に愉しめますよね。そんな思いから生まれたハイボールに、今や定番となった韓国料理、「チーズタッカルビ」を合わせました。ハイボールとタッカルビそれぞれに入っている柚子と醤油は相性が良く、お互いの風味を引き立たせます。もちろん照り焼きや唐揚げ、鮪や鰹のユッケなどにも合うので、是非試してみてください。

バーテンダー談　どんなハイボール？

オレンジの皮をグラスに向かって搾り、オイルを飛ばして香り付けする"オレンジハイボール"が「グレンモーレンジィ オリジナル」の公式サイトで発表されているように、オレンジとの相性が良いことで知られるグレンモーレンジィ。しかしここでは、料理と合わせることを考えて柚子風味のハイボールにしました。柚子はオレンジに比べて香りが弱いですが、ジャムと蜂蜜を使ったシロップでコクを出しています。爽快な香りのローズマリーはハイボールにぴったりで、日持ちがするのでご自宅でも扱いやすいですね。ローズマリー、タイムなど小枝系のハーブをシロップにする際は、加熱するのではなく余熱でゆっくりと香りを移すのがポイント。シングルトンのハイボールで使用したシロップもそうですが、紅茶やサワーなどに入れても美味しいです。

HIGH BALL RECIPE

グレンモーレンジィと柚子蜜＆ローズマリー・シロップのハイボール

グレンモーレンジィ オリジナル ……………… 30ml
柚子蜜&ローズマリー・シロップ※ …………… 5ml
炭酸 ………………………………………… 120ml
ローズマリー ……………………………………… 1本
ピンクペッパー ………………………………… 1個
柚子ピール ……………………………………… 適量

※柚子蜜&ローズマリー・シロップ
鍋に蜂蜜100ml、柚子ジャム200g、ミネラルウォーター50ml、ローズマリー3本を入れ、ヘラで混ぜながら沸騰させる。沸騰したら火を止めて蓋をし、5分ほど蒸らす。ローズマリーの香りが出たら、濾しながらボウルに移す。氷水を入れたボウルで粗熱を取る。

作り方

1. 氷を入れたワイングラスにグレンモーレンジィとシロップを加え、20回ほどステアする。
2. 炭酸を注ぎ、軽くステアする。
3. 炙ったローズマリーを飾り、ピンクペッパーを指で潰しながら散らす。
4. ゼスター（おろし器）で柚子ピールをかける。

FOOD RECIPE

万能ダレを使用したチーズタッカルビ風

材 料(1人前)

鶏もも肉 …… 100g
とろけるチェダーチーズ …… 2枚
黒胡椒 …… 少々
万能ダレ(以下)
濃口醤油 …… 大さじ2と1/3
胡麻油 …… 大さじ1
上白糖 …… 大さじ1
おろしニンニク(チューブ) …… 小さじ1
コチュジャン …… 大さじ1と1/2

作り方

❶ 万能ダレの材料をボウルに入れ、よく混ぜ合わせる。
❷ 鶏もも肉をひと口サイズに切り、万能ダレに10～30分ほど浸け込む(濃い味付けが好きな方は長めに)。
❸ 熱したフライパンに❷を入れ、弱火で皮目をしっかりと焼く。
❹ ひっくり返して、裏面をさっと焼く。
❺ ❹を耐熱皿にのせ、とろけるチェダーチーズをのせる。
❻ オーブントースターまたはレンジのオーブンモードで、チーズがしっかりと溶けるまで加熱する。
❼ 黒胡椒をチーズの上にかける。

Bar Shinozaki

数多くの資格を持ち、専門学校の講師としても教壇に立つ

華調理師専門学校卒業後に六本木、新宿、原宿で料理人として勤務した篠崎氏は、ワインと料理のマリアージュを体験したことから洋酒に興味を持ったという。2001年より千葉県船橋市「Foods & bar Blue Canary」でバーテンダー兼料理人として14年間修行後、独立して「Bar篠崎」を開業。専門学校で講師を務めたり、2017年にはスペイン・アンダルシア州政府が主催した「ハモン・イベリコ カッティングコンテスト 東京大会」で優勝するなど、生ハムに関する造詣が深い。バーの営業が終わった後、朝4時から船橋市地方卸売市場に出かけ、魚介の仕入れをしている。

篠崎 新平 氏

千葉県佐倉市出身。調理師免許のほか、日本ソムリエ協会認定 ソムリエ、シェリー委員会認定 ベネンシアドール アフィシオナドなど数多くの資格を有する。日本バーテンダー協会 千葉県支部、日本生ハム協会 監事。
●個人的に好きなウイスキーソーダの組み合わせ
シングルトン＋ウィルキンソン

BAR INFORMATION

Bar篠崎

千葉県船橋市本町1-8-29 FSビル2F
Tel.047-401-7511 ホームページ https://www.barshinozaki.com/
営業時間 月～土17:00～03:00／日・祝17:00～01:00
定休日 無休
席数 19

- お店で定番のハイボール：シングルトン／ポートシャーロット＋ウィルキンソン
- お薦めのウイスキーカクテル：カウボーイ

BAR NO'AGE

アイラ・グリーンハイボール
×アテな大葉巻き

2005年、スコットランド・アイラ島に誕生したマイクロディスティラリーが造るシングルモルト「キルホーマン」に、深蒸し煎茶を短時間でインフュージョンさせたハイボールと、お酒のアテとしても人気の漬物とチーズをひと口サイズに巻いたおつまみのペアリング。深蒸し煎茶をウイスキーに浸けるとカテキンによる渋味を感じますが、「大葉巻き」を食べるとお茶の旨味や甘味が引き立ちます。さらに、チーズを挟むとハイボールのアルコール感が和らぎ、飲みやすい一杯に。

バーテンダー談　どんなハイボール？

ピーティながらフルーティで甘さも感じる、キルホーマン蒸溜所の定番商品「マキヤーベイ」がベース。3〜5年熟成の原酒をブレンドした若いシングルモルトですが、まろやかでコクのある深蒸し煎茶とは相性が良く、発色も良いです。先に炭酸を入れて、その上からキルホーマンと茶葉を浮かべるのは香りが立つため。順番を変えるだけで、風味はかなり変わります。冷凍庫から出したばかりの氷は炭酸が抜けやすく、冷凍庫の匂いもついていることから、❷の工程は必須。同時にグラスを冷やすこともできますし、普段のハイボールより数段美味しくなります。スモーキーフレーバーが強い「フィンラガン」や「アイラミスト」などのウイスキーでも代用できます。

HIGH BALL RECIPE

アイラ・グリーン・ハイボール

キルホーマン マキヤーベイ……40ml
深蒸し煎茶……4g
炭酸……90ml
山椒……適量

作り方

❶ 茶葉とキルホーマンをグラスに入れ、10〜20分ほど待つ。
❷ 氷を入れたタンブラーに常温の水を注ぎ、水だけを捨てる（3回繰り返す）。
❸ ❷に炭酸を注ぎ、❶を茶漉しなどで漉しながら上に浮かべる。
❹ グラスの底までバースプーンを入れて氷を持ち上げ、下に戻して半回転させる。
❺ 好みで山椒をかける。

FOOD RECIPE

アテな大葉巻き

材 料（2人前）

いぶりがっこ（細切り）	適量
奈良漬け（細切り）	適量
プロセスチーズ	適量
大葉	適量
海苔	適量
キルホーマン醤油※	適量

※キルホーマン醤油

醤油100mlにキルホーマン5mlを混ぜる。

作り方

❶ いぶりがっこ、奈良漬け、チーズ、大葉を海苔で巻く。

❷ ❶をさらに大葉で巻く。

❸ キルホーマン醤油を添える。

BAR NO'AGE

ブラックティー・ハイボール
×里芋の煮っころがしの玄米衣コロッケ

ほくほくとした里芋の煮っころがしと、それを包む玄米衣の香ばしさを感じながらハイボールを口に含むと、ウイスキーの香りが鼻に抜けて広がっていきます。ライ麦由来のスパイシーでドライな味わいと酸味のある「オールドオーバーホルト」は、ハイボールにすると土っぽい風味や未熟さを感じますが、甘じょっぱい料理がそれを覆い隠してスムーズな味わいに。少量混ぜた阿波晩茶は後発酵茶で、赤ワインのようにポリフェノールが多く含まれているので、肉料理とも合います。

バーテンダー談　どんなハイボール？

生産者によって味わいは異なりますが、阿波晩茶はやや土っぽい風味があります。その土っぽさが「オールド オーバーホルト」の樽香の強さ、ゴボウのような香りをマスキングして心地よい酸味を感じるハイボールになりました。アメリカンウイスキーにはパワフルさ、甘味、酸味など様々な味わいの特徴がありますが、料理と合わせるならプラムのような酸味を感じやすいライウイスキーをベースにすると良いですね。レモンやライムなど果汁を加える方法ではなく、お酒の酸味で楽しんで頂くため、❸の工程で冷やしています。冷やすと赤い果実のようなフルーティさが出てくるので、可能であればウイスキーも冷凍庫に入れて冷やしておきましょう。

HIGH BALL RECIPE

ブラックティー・ハイボール

オールド オーバーホルト ……………………… 40ml
阿波晩茶 ………………………………………………3g
炭酸 ……………………………………………… 90ml

❶ 茶葉とオールド オーバーホルトをグラスに入れ、10～20分ほど待つ。
❷ 氷を入れたタンブラーに常温の水を注ぎ、水だけを捨てる（3回繰り返す）。
❸ ❷に❶を茶漉しなどで漉しながら入れ、バースプーンで10回ほど混ぜながら冷やす。
❹ 炭酸をグラスの側面から氷にあてないように注ぐ。
❺ グラスの底までバースプーンを入れて氷を持ち上げ、下に戻して半回転させる。

BAR NO'AGE

FOOD RECIPE

里芋の煮っころがしの玄米衣コロッケ

材 料(2人前)

里芋の煮っころがし※	6個
砕いた玄米	200g
卵	1個
水	10ml
塩	ひとつまみ
片栗粉	30g
岩塩	適量
穂紫蘇	1本

※里芋の煮っころがし(市販品でも可)

フライパンに油をひいて、皮を剥いた里芋6個を軽く炒める。鍋に水600ml、油大さじ1を入れ、沸騰したら砂糖30gを加えて溶かす。炒めた里芋を鍋に入れ、落とし蓋をして中火で10分ほど煮る。醤油大さじ2を加え、さらに8分ほど煮込む。竹串を刺して柔らかくなっていたら強火にし、トロッとするまで煮汁を詰める。

作り方

❶ 里芋の煮っころがしに塩と片栗粉を混ぜて潰す。

❷ 卵と水を混ぜ合わせる。

❸ ❶を丸く整形して❷にくぐらせ、砕いた玄米を全体につけて衣にする。

❹ 180度に熱した油に❸を入れ、こんがりとしたきつね色に揚げる。

❺ キッチンペーパーで油をしっかりと取り除き、皿に盛り付ける。

❻ 岩塩と、好みで穂紫蘇を添える。

BAR NO'AGE

テクニカル・ハイボール

×キャベツとキムチとタコのごま油和え

ブレンデッドウイスキーのハイボールと、キャベツの相性の良さから考えられた組み合わせがこちら。モルトウイスキーの原料が大麦麦芽100%なのに対して、小麦やトウモロコシなどの穀物も使われたグレーンウイスキーが加わるブレンデッドウイスキーはどこか青臭さを感じますが、同じく青臭さのある野菜がそれをマスキングして甘味を引き出してくれます。今回は「ジョニーウォーカー ブラックラベル 12年」をベースとし、その特徴のひとつであるスモーキーフレーバーがキムチの旨味を強調してまろやかな味わいに。また、薄くスライスしたタコが食感と旨味をアップさせています。

バーテンダー談　どんなハイボール？

ウイスキーと炭酸だけを使ったシンプルなハイボールですが、手順を少し工夫するだけでバーテンダーが作るハイボールの味わいに近づけることができます。まず炭酸とウイスキーを半量ずつ入れて冷やすのは、ブレンデッドウイスキーに入っているグレーンが常温だと青臭く感じてしまうため。一旦冷やすことで、青臭さが弱くなります。また、シングルモルトに比べるとブレンデッドは骨格が乏しいので、半分残したウイスキーを上から注いでコクと旨味、一体感を出しています。鹿児島焼酎のお湯割りは「お湯が先、焼酎は後」が基本ですが、それと同じ原理で香りが良くなりますね。ブレンデッドウイスキーであれば何でも、この作り方を応用できます。ウイスキーと炭酸の割合は1：2.5くらいですが、ペアリングを考えずハイボール単体で味わうなら、お好みの比率でかまいません。

HIGH BALL RECIPE

テクニカル・ハイボール

ジョニーウォーカー ブラックラベル 12年 …… 45ml
炭酸 …… 100ml

作り方

❶ 氷を入れたタンブラーに常温の水を注ぎ、水だけを捨てる（3回繰り返す）。
❷ ❶に炭酸とウイスキーを分量の半分ずつ入れる。
❸ バースプーンで5回ほど混ぜて冷やす。
残りの炭酸を加え、上からウイスキーを注ぐ。
❹ グラスの底までバースプーンを入れて氷を持ち上げ、下に戻して1回転させる。

FOOD RECIPE

キャベツとキムチとタコのごま油和え

材 料(2人前)

- キャベツ……100g
- 濃厚なキムチ(市販品)……100g
- 茹でタコ(市販品)……80g
- ごま油……大さじ2
- 塩……ひとつまみ
- 黒ごま……適量
- 白ごま……適量

作り方

1. キャベツはざく切り、キムチは1cm角、茹でタコは3mmにスライスする。
2. ❶をボウルに入れ、ゴマ油と塩を加えて混ぜ合わせる。
3. 皿に盛り付け、黒ごまと白ごまをかける。

BAR NO'AGE

カクテルと料理のペアリングを広めた先駆者

辻技術研究所 西洋料理科修了後、愛知県豊田市のフレンチレストランに入店した井谷氏は料理人を目指していた。ところが酷い手荒れに悩まされ、治療を続ける中バーテンダーに転身。鹿児島の「BAR OLD CLOCK」を経て地元へ戻り、2000年に「BAR NO'AGE」を開店、7年後に現在の静岡市へ移転した。料理人を目指していた頃に培った技術をもとに、お酒に合わせて料理を提供するスタイルを開店当初からベースとしており、ペアリングに関して右に出る者はいないほど。『ペアリングの技法』(旭屋出版)など、様々な料飲専門書にてローカル・カルチャーを基本としたカクテル・ペアリングを提案。現在も研究を推し進め、SNSを通じて様々な可能性を発信している。

井谷 匡伯 氏

静岡県袋井市出身。2016年、「横濱インターナショナルカクテルコンペティション」クリエイティブ部門でグランプリを受賞。「東京ウイスキー&スピリッツコンペティション(TWSC)」審査員。
●個人的に好きなウイスキーソーダの組み合わせ
デュワーズ ホワイト・ラベル/オーバン 14年+ウィルキンソン

BAR INFORMATION

BAR NO'AGE　バー　ノンエイジ

静岡県静岡市葵区鷹匠2-5-12 1F
Tel.054-253-6615　ホームページ http://www.barnoage.com/
営業時間 17:00〜01:00
定休日 火曜日
席数 14

● お店で定番のハイボール：デュワーズ ホワイト・ラベル+ウィルキンソン
● お薦めのウイスキーカクテル：ワード・エイト

銘店のハイボール④

「タリスカー スパイシーハイボール」の元祖

モンド・バー 品川店

東海道新幹線が品川駅に停まるようになってからまもなく、目の前に開業したアトレ品川の4階に「モンド・バー 品川店」がオープンしました。モンド・バーは1985年から30年続いた銀座の老舗（※）で、その名残が入口に飾られた看板に見てとれます。電車を待つ間に立ち寄ることができるようなバーを、という話をオーナーバーテンダーの長谷川治正氏が引き受けて実現しました。

こちらで人気のある一杯が「タリスカー スパイシーハイボール」。タリスカーはスコットランド・スカイ島に蒸溜所があり、潮の香りとスパイシーでスモーキーな風味が印象的なシングルモルトウイスキー。ソーダで割ったハイボールに黒胡椒をかけて、その特徴を引き立たせています。なんでも10年ほど前、当時のチーフバーテンダーが横浜のバーで勤務していた頃のお客が見えた時にペッパーミルを使って胡椒をかけたのが始まりだったとか。当初は「タリスカーソーダ　ペッパーオントップ」と呼ばれていました。さらに、両手ではなく片手で挽けたほうが良いのではというお客の意見から、輸入元のMHD モエ ヘネシー ディアジオにオリジナルのペッパーミルを作ってもらったそうです。モンド・バー 品川店では鮮魚のポワレや黒毛和牛ステーキなど本格的なお料理が味わえますが、ハイボールに合わせるなら「自家製ハム」がお勧め。黒豚のもも一本を仕込む自慢の逸品です。

現在では「タリスカー スパイシーハイボール」が日本発のハイボールとして、タリスカー蒸溜所の正式なメニューに採用されています。

※銀座店は閉店後、店内でビールを醸造するバー「BREWIN' BAR monde 主水」として生まれ変わった。

BAR INFORMATION

モンド・バー 品川店

東京都港区港南2-18-1 アトレ品川4F

Tel.03-6717-0923

営業時間 11:00～23:00

定休日 無休

席数 40

ハイボール以外のウイスキーの愉しみ方

ウイスキーほどさまざまな飲み方が愉しめるお酒は、ほかにないかもしれません。これからご紹介するのはウイスキーと氷、水があれば簡単にできるものばかり。それぞれ最適なグラスはありますが、飲み方やその時の気分によって選んでみてください。自由にウイスキーを愉しみましょう!

ストレート

ウイスキーをスニフターグラスやショットグラスなどに注いで、そのまま味わうスタイル。その風味をじっくり堪能できるので、特に個性的なシングルモルトやカスクストレングス（樽出しでアルコール度数が高い）のウイスキーはストレートで飲まれることが多いです。

①グラスにウイスキーを適量注ぐ。

②チェイサー（水）を用意する。

トワイスアップ

加水によって、ウイスキーの香りが開いていきます。シングルモルトでも、テイスティングの際に少量の加水をすることはよくあります。常温のほうが香りを感じやすいので、ウイスキーも水も常温に。水は軟水のミネラルウォーターがお薦めです。

①グラスにウイスキーを適量注ぐ。

②ウイスキーと同量の水を加える。

オン・ザ・ロックス

大きい氷がひとつ入るだけで、ウイスキーはぐっと飲みやすくなります。ただ、アルコール感が弱まるもののウイスキーが冷えると香りも弱くなるので、できれば香りの強いものを選ぶと良いでしょう。コンビニなどで売っているかち割り氷を使えば、手軽にオン・ザ・ロックスを愉しめます。

①グラスに大きめの氷を入れる。
②ウイスキーを適量注ぐ。
③マドラーなどで軽く混ぜる。

ハーフロック

オン・ザ・ロックスのスタイルに、水を加えた飲み方。はじめにウイスキーと氷をなじませることで、ウイスキーの風味を引き出します。水ではなく、ソーダを加えることも。ロックは濃すぎるけれど、水割りほど薄めなくても良いという場合に。

①グラスに大きめの氷を入れる。
②ウイスキーを適量注いで、混ぜる。
③ウイスキーと同量の水を加える。
④マドラーなどで軽く混ぜる。

水割り

最も飲みやすく、食中酒としても活躍するのが水割りです。ウイスキー造りにはいろいろな場面で仕込水と呼ばれる水が使われ、とても大切な原料のひとつ。ミネラル成分が少なく、クセのない軟水が適しています。

①グラスに氷を一杯に入れて、冷やす。
②ウイスキーを適量注ぐ。
③マドラーなどでしっかりと混ぜる。
④減った氷を足し、水を加える。
⑤マドラーなどで軽く混ぜる。

フロート

比重の違いを利用して、液体の層を作るスタイル。ウイスキーは水より軽いですが、勢いよく入れると混ざってしまうので静かに注ぐのがポイント。はじめはストレート、徐々にロック、水割りと、飲み進めるにつれて味わいが変化するのが魅力です。

①グラスに氷を入れて、水を注ぐ。
②マドラーやバースプーンにつたわせてウイスキーを注ぐ。

ミスト

冷涼な見た目と飲み口から、暑い時期に飲まれることが多いウイスキーミスト。急激にウイスキーが冷えることで、グラスの外側に霧（ミスト）がかかったようになります。氷を丈夫なビニール袋に入れてタオルをかぶせ、上からすりこぎなどで叩けばクラッシュドアイスができます。

①グラスにクラッシュドアイスをたっぷり入れる。

②ウイスキーを適量注ぐ。

③マドラーなどでしっかりと混ぜる。

ホット

いわゆるウイスキーのお湯割りですが、レモンやはちみつ、ジャムやバターなどを加えれば多様なアレンジが愉しめます。グラスに砂糖を入れて少量のお湯で溶かし、ウイスキーとお湯を注いで作る「ホット・ウイスキー・トディー」というカクテルも。スライスしたレモンやクローブ、シナモンスティックを添えたらできあがりです。

①耐熱グラスにお湯を注ぎ、温めておく。

②お湯を捨てて、ウイスキーをグラスの1/3〜1/4ほど入れる。

③ウイスキーの倍量〜3倍くらいのお湯を加える。

④マドラーなどで軽く混ぜる。

プロフェッショナルが薦めるウイスキー

ハイボールでウイスキーに慣れてきたら、ロックやストレートで飲んでみたいと思いませんか？　酒屋、インポーター、テイスター、バーテンダー、ブロガーとそれぞれの立場でウイスキーの魅力を伝え、その影響力も大きいプロフェッショナルたちにハイボールにお薦めのボトル3本、ロックとストレート各1本を選んで頂きました。

※ 各商品の価格は、市場での小売価格帯を以下の区分に分けて掲載しています。

A：～1,500円　**B**：1,500～3,000円　**C**：3,000～5,000円
D：5,000～7,000円　**E**：7,000～10,000円　**F**：10,000円～

LIQUORS HASEGAWA
HIDEAKI KURASHIMA

倉島英昭 氏

リカーズハセガワ本店の店長。ウイスキー文化研究所主催の超難関資格「マスター・オブ・ウイスキー」4人目の合格者で、ウイスキー専門誌『Whisky Galore』テイスターやウイスキースクールの講師として活躍している。

SHOP INFORMATION

リカーズハセガワ本店

東京都中央区八重洲2-1 八重洲地下街 中4号 八重洲地下1番通り

TEL 03-3271-8747

営業時間 10:00〜20:00（年末年始を除く）

定休日 なし

http://www.liquors-hasegawa.com/

オルトモア 12年

AULTMORE 12

●アルコール度数 46% ●容量 700ml ●小売価格帯 D
●販売元 バカルディ ジャパン

オルトモアは、定番のブレンデッドウイスキー「デュワーズ」の主要原酒。12年はスペイサイドらしい爽やかなフルーティさが特徴で、天気の良い日に果樹園を散歩しているかのような気分にさせてくれます。フレッシュな果実の甘さと心地よい麦感、バーボン樽由来のクリーミーなバニラや白胡椒のようなスパイス。冷却ろ過を施していないので、ソーダで割っても香味のボリュームを損なわずに楽しめます。

アンクル・ニアレスト 1856
プレミアム・テネシーウイスキー
UNCLE NEAREST 1856

●アルコール度数 50% ●容量 750ml ●小売価格帯 E

●販売元 マルカイコーポレーション

創業からわずか数年にもかかわらず、現在まで数々の賞を受賞している実力派のテネシーウイスキーブランド。1856プレミアムは熟成によるコクと、メロウで上品なテイストで人気の銘柄です。ハイボールにすると新樽によるリッチな甘さがより滑らかになり、延々と飲み続けられるような心地良さを覚えます。新樽×ソーダの組み合わせは、個人的に黄金の組み合わせだと思っています。

ティーリング ブラックピッツ
TEELING BLACKPITTS

●アルコール度数 46% ●容量 700ml ●小売価格帯 D

●販売元 スリーリバーズ

スモーキーなウイスキー＋ソーダは、誰もが納得する組み合わせではないでしょうか。「ブラックピッツ」は数多くの魅惑的なウイスキーをリリースし続けているティーリング社の新製品で、アイリッシュとしては珍しくスモーキーフレーバーが楽しめるウイスキー。アイリッシュウイスキーの特徴のひとつである優しい果実感と芯の太いピートスモーク、軽快な飲み口はソーダ割りにピッタリです。

ウィレット ファミリー・エステート スモールバッチ ライ 4年

WILLETT FAMILY ESTATE SMALL BATCH

●アルコール度数 56.4%　●容量 750ml　●小売価格帯 E
●販売元 ボニリジャパン

ここ数年小さなブームを迎え、世界的にその動向が注目されているライウイスキー。ウィレット社のウイスキーはアメリカ国内でも大変人気で、わざわざ日本へ買いに来るほどの熱狂的なファンがいます。コーンの甘みを抑えた味わいは、ドライな風味とリッチなスパイシーさが印象的。その無骨さと豊かなスパイスを大きめの氷でゆっくりと冷やしながら、樽由来の仄かな甘さを優しく解き放って飲むのがお薦めです。

タリバーディン 20年

TULLIBARDINE 20

●アルコール度数 43%　●容量 700ml　●小売価格帯 F
●販売元 スリーリバーズ

1949年に創業した南ハイランドの蒸溜所。以前は入手困難なウイスキーでしたが、現在は多くの魅惑的なラインナップが専門店などで手に入ります。バーボン樽熟成の原酒を主体に構成された長期熟成モルトの繊細な香味は、是非ストレートで味わっていただきたいですね。洋梨やアプリコットのような淡い果実の甘味と酸味、ボディを支える穀物様、南ハイランドらしい紙っぽさ、優しいオークスパイスがまろやかで深く長い余韻へと導いていきます。

WHISKY BLOGGER
KURIRIN

くりりん 氏

ウイスキーブログ「くりりんのウイスキー置場」を運営する人気ブロガー。テイスティング能力に定評があり、WEBメディアでのコラム執筆に加え、ブレンドレシピ監修やサンプル評価などウイスキーメーカーのリリースにも協力している。

BLOG INFORMATION

くりりんのウイスキー置場

1,500本以上のウイスキーレビューと、"うんちく"各種取り揃えています。

営業時間　24時間365日閲覧頂けます

定休日　不定休

https://whiskywarehouse.blog.jp/

キリンウイスキー 陸
KIRIN WHISKEY RIKU

アルコール度数 50%　容量 500ml　小売価格帯 A
販売元 キリンビール

ややドライでクリーン、穀物由来の甘さと、ふわりと香るウッディなアロマ。口当たりはスムーズでメロウ、薄めたキャラメルやオレンジなど樽由来のフレーバーがハイボールですっきりと喉を通ります。ウイスキーの香味は大別してスコッチとアメリカンの2タイプ。前者はスコッチウイスキー以外にアイリッシュやジャパニーズの大半が分類され、後者はメロウで重厚なバーボン、軽やかなカナディアンなどに分かれますが、陸はアメリカンタイプの中間点にある1本だと言えます。まずは、自分の好みを知ることが重要です。

サントリーウイスキー スペシャルリザーブ

SPECIAL RESERVE

●アルコール度数 40%　●容量 700ml　●小売価格帯 B
●販売元 サントリースピリッツ

通称「バーボン樽」と呼ばれるバーボンウイスキーを熟成した後のホワイトオーク樽から得られる華やかさとフルーティさは、スコッチタイプのウイスキーにおいて最もポピュラーな個性のひとつです。スペシャルリザーブは、まさにキーモルトである白州モルト原酒に備わった華やかなオーク香を軸に、繋ぎとなるグレーン原酒の甘みや、微かにシェリー樽に由来する甘酸っぱさが感じられる1本です。ハイボールにするとオーク香が引き立ち、適度な甘みを伴うバランスの良い味わいから、美味しさだけでなく樽由来の個性を知ることができます。

ホワイトホース 12年

WHITE HORSE 12

●アルコール度数 40%　●容量 700ml　●小売価格帯 B
●販売元 キリンビール

焦がしたカラメルソースを思わせるほろ苦さと甘さ。キーモルトであるラガヴーリン蒸溜所のモルト原酒がもたらすスモーキーさに、熟した洋梨のようなスペイサイドモルトの香りが微かに混ざります。スコッチタイプのウイスキーは仕込みの際、大麦麦芽にピート（泥炭）を焚きこむかによって、フレーバーが大きく変化します。ホワイトホース12年は日本市場限定品で、熟成した原酒のまろやかさと、スコッチの伝統的な個性であるスモーキーさが特徴。ハイボールにするとそれらが引き立ち、甘くスモーキーな味わいを楽しめます。

フォアローゼズ シングルバレル

FOUR ROSES SINGLE BARREL

●アルコール度数 50%　●容量 750ml　●小売価格帯 D
●販売元 キリンビール

バニラやキャラメルシロップを連想する甘い香りが強く広がり、チェリーやりんご飴のフルーティさと焦げたオークの微かなアクセント。スパイシーな刺激も感じますが、重厚で強い香味はロックにしても骨格が崩れず、逆に柔らかくメロウな味わいと、新樽由来の心地よいウッディな含み香が広がります。これぞバーボンという味わいですね。ロックでも度数が高いと感じたら、少し水を足してみてください。先述の「陸」が好みと感じた方には特にお薦めで、本銘柄以外にもアメリカンウイスキーを試して頂きたいです。

グレングラント 12年

GLENGRANT 12

●アルコール度数 43%　●容量 700ml　●小売価格帯 D
●販売元 CT Spirits Japan

「スペシャルリザーブ」が好みと感じた方に試して頂きたい1本。スコットランド・スペイサイド地域の代表的な銘柄のひとつであり、バーボン樽熟成原酒の個性を主体として感じられる銘柄でもあります。軽やかでドライな口当たり、ナッティな軽い香ばしさに、バニラや林檎、ドライパイナップル、微かにハーブの要素も伴う華やかでフルーティな構成。ストレート以外にロックやハイボール等にしても良質な味わいが楽しめます。なお、「ホワイトホース12年」が好みだった方は、是非アイラ島のピーティーなウイスキーをお試しください。

LIQUOR SHOP M's Tasting Room
MUNEYUKI YOSHIMURA

吉村宗之 氏

日本で馴染みの薄かったシングルモルトの魅力を、ウェブサイトでいち早く紹介。現在運営に関わるリカーショップ「M's Tasting Room」では、幅広い層から支持を集める。著書に『うまいウイスキーの科学(SBクリエイティブ)』など。

SHOP INFORMATION

LIQUOR SHOP M's Tasting Room

東京都板橋区板橋1-8-4-1F

TEL 03-5944-1033

営業時間 火曜日～土曜日 13:00～20:00
日曜日 13:00～18:00

定休日 月曜日

https://ms-tasting.co.jp/

コッツウォルズ ファウンダーズチョイス シングルモルトウイスキー

COTSWOLDS FOUNDER'S CHOICE

●アルコール度数 60.5% ●容量 700ml ●小売価格帯 E
●販売元 スコッチモルト販売

バニラやドライイチジクの甘み、STR樽由来の心地いい果実感がバランスよくハーモニーを奏でるイングランド産のウイスキーです。ソーダとの相性が抜群で、飲み飽きしないハイボールを堪能できます。コッツウォルズ蒸溜所では地元のローカルバーレイを100%使用し、伝統的なフロアモルティング方式で昔ながらの造りかたをしています。一切加水せずボトリングされているために飲みごたえがあり、屋外で風を感じながら楽しむスタイルもお薦めです。

ウルフバーン ラングスキップ
WOLFBURN LANGSKIP

●アルコール度数 58%　●容量 700ml　●小売価格帯 D
●販売元 スコッチモルト販売

蒸溜所はスコットランド本島最北端の街サーソーにあり、その辺りは豊かな水と大自然で知られ、現在この地に残る最後の原野とも言われています。エステリーで力強い風味が、ソーダと出会うことで魅惑的な果実フレーバーを生み出します。プラムやラズベリー、アプリコットを思わせる甘酸っぱさが心地よく、喉越しには甘い麦芽のニュアンスも感じられますね。秀逸なアペリティフにもなり、食欲を鼓舞してくれるハイボールが楽しめます。

燻酒 アイラシングルモルト
KUNSHU ISLAY SINGLE MALT

●アルコール度数 50%　●容量 700ml　●小売価格帯 D
●販売元 スコッチモルト販売

潮風と燻香、そして切れ味のよさが特徴的なシングルモルトスコッチウイスキーですが、日本のお酒を思わせるような「燻酒」というネーミングはおもしろいですね。ソーダで割ると暑気払いにぴったりな清涼感のあるハイボールに仕上がります。特に蒸し暑い日に、喉を潤すにはこれ以上のドリンクはないでしょう。余韻には甘い煙と麦芽のフレーバーが残ります。アイラ島のどこの蒸溜所かは非公開ですが、想像しながら飲むのもまた楽しいですね。

オールドプルトニー 12年

OLD PULTENEY 12

●アルコール度数 40% ●容量 700ml ●小売価格帯 D
●販売元 三陽物産

甘くマイルドで、ちょっぴりオイリーな風味が持ち味の北ハイランドモルトです。バニラやチョコレート、シトラス、またほのかな潮のニュアンスを兼ね備えた、複雑なフレーバーもこのウイスキーの魅力。ストレートでも美味しいのですが、オン・ザ・ロックにすると爽快感が際立ち、夕暮れの海岸で海風をつまみに飲りたいウイスキーでもあります。最も好きなハイランドモルトとしてプルトニーを挙げるウイスキーファンも多く、私もその一人です。

アバフェルディ 12年

ABERFELDY 12

●アルコール度数 40% ●容量 700ml ●小売価格帯 C
●販売元 バカルディ ジャパン

ヘーゼルナッツやデーツ、蜂蜜、バニラクリームの風味と、シルクのような滑らかさが特徴的な南ハイランドモルト。喉越しがとてもスムースで、初心者から上級者までが満足できるウイスキーに仕上がっています。原酒はブレンデッドウイスキーのデュワーズやブラック&ホワイトに使われており、特にデュワーズにはアバフェルディのキャラクターが色濃く表れていますね。休日の午後、読書でもしながら飲むにはぴったりのウイスキーです。

THREE RIVERS Ltd.
SHINYA OKUMA

大熊慎也 氏

類まれなるセンスと持ち前の行動力を武器に、立て続けに大ヒットボトルを世に放つスリーリバーズのキーマン。酒類全般に深い愛を注ぎ、きめ細やかなサービスを顧客に提供すべく精力的に活動する人物である。

COMPANY INFORMATION

心を込めたものはきっと深く伝わるはず
お酒を愛する全ての人へ

THREE RIVERS Ltd.

東京都練馬区田柄4-12-21

TEL 03-3926-3508

email trivers@m17.alpha-net.ne.jp

ザ・ピートモンスター
THE PEAT MONSTER

●アルコール度数 46% ●容量 700ml ●小売価格帯 D
●販売元 スリーリバーズ

独創的なアプローチでウイスキーをリリースするコンパスボックス社の売れ筋アイテム。同社はジョニーウォーカーのグローバルマーケティングディレクターとして活躍したジョン・グレイサー氏が創設者で、ブレンディングをすべて一人で手がけています。メインモルトであるカリラとラフロイグのスモーキーフレーバーと、ソーダとの相性が良いですね。モルティで骨太なウイスキーなので、余韻が長く続きます。

アードナムルッカン 09.20:01

ARDNAMURCHAN 09.20:01

●アルコール度数 46.8%　●容量 700ml　●小売価格帯 D
●販売元 スリーリバーズ

スコットランドのインディペンデントボトラー、アデルフィ社が2014年に創設したアードナムルッカン蒸溜所から待望のシングルモルトがリリースされました。ソフトでワクシーな香りと甘くフルーティなボディを感じた直後、ペッパー&スモーク、ソルティなカカオビター、そして心地よいペッパーと潮風が上品に続きます。ピートモンスターのスモーク香が強すぎるなら、こちらを試してみてください。対岸がスカイ島だからかタリスカーの風味に近く、タリスカーソーダが好きな方にもお薦めです。

ベンロマック 10年

BENROMACH 10

●アルコール度数 43%　●容量 700ml　●小売価格帯 D
●販売元 ジャパンインポートシステム

ボトラーズ最大手のゴードン&マクファイル社が買収、再生したスコットランド・スペイサイドのベンロマック蒸溜所。スペイサイドながら奥にスモーキーさが隠れた味わいは、新ラベルになってからよりスモーキーでリッチになりました。シェリー樽とバーボン樽で熟成した後、オロロソ・シェリー樽でフィニッシュ、原酒の一部を次のバッチに混ぜるソレラ方式で品質を安定させています。ハイボールにすると、爽やかにスモークが香ります。

ティーリング シングルモルト

TEELING SINGLE MALT

●アルコール度数 46% ●容量 700ml ●小売価格帯 D
●販売元 スリーリバーズ

ハイボールからロックへと進むなら、まずはソフトでフルーティなものがお薦め。フルーティで甘く、スパイシーでバランスの取れた味わいのティーリングは水との相性が良く、ロックで水が溶けてきても美味しいです。加水したハーフロックでも香りと甘味が広がって飲みやすくなりますし、食中酒としても楽しめますね。ちなみに水割りなら「グレンゴイン10年」「タリバーディン ソブリン」など、モルティでシェリーが効いていないものが合います。お湯割りなら熟成の若い「ミルトンダフ」のボトラーズを。

ティーリング シングルモルト ヴィンテージリザーブ 28年

TEELING SINGLE MALT 28

●アルコール度数 46% ●容量 700ml ●小売価格帯 F
●販売元 スリーリバーズ

ウイスキーをストレートで飲むのはハードルが高いですよね。カスクストレングスやシェリー樽熟成の濃いものではなく、初めはシルキーで柔らかい味わいのほうがウイスキーの美味しさがわかりやすいのではないでしょうか。この28年はトロピカルフレーバーが特徴的で、パッションフルーツやマンゴー、白桃やマスカットなどのフレーバーの奥に僅かなスモークを感じます。高価ではありますが、ウイスキーの素晴らしさと奥深さに気付ける一本です。

Bar Leichhardt
YU SUMIYOSHI

住吉 祐一郎 氏

オーナーバーテンダーとしてカウンターに立ちながら、世界中を旅するウイスキージャーナリストの顔も持つ。ジャパニーズウイスキーストーリーズ実行委員会 実行委員長。共訳書に『ウイスキー・ライジング』(小学館)がある。

BAR INFORMATION

Bar Leichhardt

福岡県福岡市中央区渡辺通2-2-1-5F

TEL 092-215-1414

営業時間 20:00~01:00

定休日 月曜日(取材等で不規則に休む場合も)

Instagram @bar_leichhardt

Facebook バー ライカード

フォートウィリアム
FORT WILLIAM

●アルコール度数 40% ●容量 700ml ●小売価格帯 A
●販売元 アサヒビール

ベンネヴィスのモルト原酒を主に使用した、柔らかくバランスの取れた爽やかな味わいのウイスキーです。軽やかでスムーズな飲み口で、ソーダで割るとよく伸びます。フォートウィリアムはスコットランドの西ハイランドにある港町の名前で、ベンネヴィス蒸溜所もあり、現在は日本のニッカウヰスキーが所有しています。1,000円台で購入できるため家飲みなどで気軽に楽しむには最適で、食事にも良く合います。気分によってソーダの量を変え、お好みの味わいを探してみてはいかがでしょうか?

デュワーズ 12年

DEWAR'S 12

●アルコール度数 40%　●容量 700ml　●小売価格帯 B
●販売元 バカルディ ジャパン

スコットランドのハイランドに位置するアバフェルディ蒸溜所の原酒を主に使用したブレンデッドウイスキー。デュワーズのハイボールは、創業者ジョン・デュワーの息子であるトーマス・デュワーが1892年にニューヨークへ行った際、初めてオーダーしたとされていて、トーマスはハイボールのパイオニアと言われています。シトラスや薬草香が漂う清涼感、ハチミツやバニラを思わせる甘味、厚みのある味わいが特徴です。2,000円台で少し贅沢な気分が味わえる一本で、アメリカで一番売れているブレンデッドスコッチです。

グレンフィディック 12年 スペシャルリザーブ

GLENFIDDICH 12

●アルコール度数 40%　●容量 700ml　●小売価格帯 C
●販売元 サントリースピリッツ

グレンフィディック12年は、スコットランド・スペイサイドのグレンフィディック蒸溜所で造られているシングルモルトウイスキーです。世界で一番売れているシングルモルトで、そのフルーティな香りと柔らかく甘い飲み口が、飲む人を虜にしてしまうのかもしれません。ハイボールを作る際にはソーダをやや少なくして、濃い目の味わいを楽しむのも良いでしょう。ボトルがユニークな三角形なのは、寝室でこっそり寝酒を嗜んでいる時に奥さんが突然入ってきて、慌ててベッドの下に隠しても転がらないための配慮なのだとか。

スプリングバンク 10年

SPRINGBANK 10

●アルコール度数 46%　●容量 700ml　●小売価格帯 E
●販売元 ウィスク・イー

スコットランド・キャンベルタウンにあるスプリングバンクは、製造過程の100%を自社内で完結する、業界でも数少ない蒸溜所です。質の均一性を保つため、製造機器などの入れ替えは行わず、数十年にわたりメンテナンスをしながら継続使用しています。ウイスキーには干し草のような独特の香りがありますが、口に含むと甘味と共に塩っぽさとスモーキーさが現れます。クセはありますが、しっかりとしたボディ感と飲み応えが特徴。ロックの氷が溶ける際の味わいの変化を楽しみながら、グラスを傾けてみてはいかがでしょうか?

ザ・グレンリベット 12年

THE GLENLIVET 12

●アルコール度数 40%　●容量 700ml　●小売価格帯 C
●販売元 ペルノ・リカール・ジャパン

1824年、スコットランド政府から初の公認蒸溜所に指定された由緒あるグレンリベット蒸溜所は、スコットランドのスペイサイドに位置します。軽やかでフルーティな飲み口とバニラを感じさせる甘い余韻は、飽きることなく飲めますね。基本のスコッチウイスキーとして、ストレートで飲み始めるには最適な銘柄ではないでしょうか。このグレンリベットを軸として、軽やかな感じのもの、どっしりしたもの、クセのあるものという風に幅を広げていくと新たな味わいに出会え、ウイスキーをさらに楽しむことができると思います。

KOUKICHI KURIBAYASHI

栗林幸吉 氏

自らの鼻と舌であらゆる酒のテイストを確かめ、顧客を求める商品へと導いた上、その特製を時にユーモラスな表現を交えて説明してくれる目白 田中屋の名店主。仕入れや店頭販売の他、様々なメディアでも活躍する。

SHOP INFORMATION

目白 田中屋

東京都豊島区目白3-4-14-B1

TEL 03-3953-8888

営業時間 11:00〜20:00

定休日 日曜日

ジョニーウォーカー レッドラベル

JOHNNIE WALKER RED LABEL

●アルコール度数 40% ●容量 700ml ●小売価格帯 A
●販売元 キリンビール

言わずと知れた、販売量断トツ世界一を誇るスコッチウイスキー・ブランド。スイート・ジンジャー&ちょっとスモーク。キック力のある風味は炭酸で割ると、生き生きと口中でジャグリングします。この価格で、このテイスト。世界一を維持し続ける理由が良くわかるコストパフォーマンス。「ジョニ・ハイ」は夏のオススメ! 創業200年を超えた同社の名コピーは"Still going strong!"(まだまだヤルぜ!?)。

スカリーワグ

SCALLYWAG

●アルコール度数 46%　●容量 700ml　●小売価格帯 D
●販売元 ジャパンインポートシステム

ダグラスレインの社長に長年飼われているフォックス・テリア（英国産犬種）から着想を得た、キュートなラベルと味の構成。「シングルモルトのロールス・ロイス」と称賛されるマッカランをはじめ、モートラック、グレンロセスなどスペイサイドの実力派を中心にしたブレンデッド・モルトです。ハイボールには合わないと言われるシェリー樽の比率がおよそ4割を占めるものの、ソーダを加えると甘味、渋味の愛くるしいやんちゃさが程よいアクセントになり、飲み手の心にそっと寄り添います。

クライヌリッシュ 14年

CLYNELISH 14

●アルコール度数 46%　●容量 700ml　●小売価格帯 D
●販売元 MHD モエ ヘネシー ディアジオ

アルフレッド・バーナードの文言に象徴されるように、100年以上前から名酒と誉れ高く、スプリングバンクやラガヴーリンに比肩する北の傑酒。甘やかなフルーティ&ワクシー（蜜蝋）な香味、辛みのあるキレ。複雑かつ繊細、ソフトで豊かな味わいは、ストレートがオススメでモルトウイスキーの魅力を存分に楽しめます。でも、時には贅沢ハイボールを味わうのも一興。内在していた海風の香味が泡と共に、より顕著にやって来ます。

ブッカーズ
BOOKER'S

◎アルコール度数 63%　◎容量 750ml　◎小売価格帯 F
◎販売元 サントリースピリッツ

1980年代の終わり、バブル期に登場したスモールバッチ・バーボンの先駆けにして最高傑作と言われ、当時のバーボンブームを締めくくる「ラス・ボス」となったブッカーズ。バーボンの歴史に残る憧れのブランドは、禁酒法以前の古き良き時代をオマージュした力強い風味があります。大きめの氷を入れたロックグラスに、ブッカーズをなみなみと満たして飲んでみてください。ストレートでは火の出るような味わいも、ロックにすることでバニラ、キャラメル、深層の果実風味がクールに表れます。

※販売元注:数量限定販売。少量生産のため、発売年によって度数や香味に微妙な違いがあります。

グレンドロナック 18年
GLENDRONACH 18

◎アルコール度数 46%　◎容量 700ml　◎小売価格帯 F
◎販売元 アサヒビール

30年以上前のある日、突然として琥珀色の熟成酒に心を奪われました。それが、モルトウイスキー。味の良し悪しなどロクにわからなかった自分が、美味しいものに目覚めた瞬間でした。他のスピリッツとは明らかに違う、シェリー樽熟成由来の深い旨味に感覚を揺さぶられたのでしょう。そんな自分の初恋体験から今、思う銘柄がグレンドロナック。熟すとは、かくも深く優しく尊いものなのか?　と、感じられる18年。自分へのご褒美にどうぞ。

銘店のハイボール⑤

アイラハイボールと燻製の最強ペアリング

BAR SMoke salt

2009年10月、ハイボールがちょうどブームを迎えようとしていた時期に「BAR SMoke salt」が東京・東中野で開店しました。店主の佐々木剛氏が以前から好んで飲んでいたというスコットランド・アイラ島のウイスキーをベースにしたハイボールをメインに、さまざまな燻製料理を提供しています。

ウイスキーは単体ではなく2～3種類をブレンドしたものをベースに作ることが多いそうで、いまは3種類のアイラウイスキーをブレンドしたハイボールがお勧め。ソーダで割った後に自家製の山椒ビターズをドロップし、梅ビターズをスプレーすることで複雑な味わいを与え、香りを立たせた一杯に仕上げています。梅ビターズは風味の強い時期に仕込み、甘味やうま味のある柔らかい酸味が付くようにしているとか。隣に添えられた燻製塩を舐めながら飲む、和風なハイボールです。そのほか、ラフロイグとラガヴーリンをブレンドしたハイボールや、大泉学園「BARレモンハート」在籍時に伊藤学氏に教わったスーパーハイボールなど、その時の発想でアレンジしています。

燻製はすじこ、合鴨、牛肉などが人気。肉類は塩もみした後に冷蔵庫で数日間寝かせて水分を抜き、短時間で燻製、さらに2週間以上寝かせています。噛めば噛むほど味わい深く、スモーキーフレーバーのするアイラウイスキーとの相性は抜群。アイラウイスキーはクセが強いものが多いですが、比較的飲みやすいハイボールで慣れて、徐々にロックやストレートでも愉しめるように佐々木氏が導いてくれます。

BAR INFORMATION

BAR SMoke salt

東京都中野区東中野1-14-26 高山ビル1F

Tel.03-5937-5615

営業時間 18:00～02:00

定休日 無休

席数 6

あとがき

「ハイボール本の企画があるのですが、取材と執筆をお願いできませんか?」　出版社からのメールに書かれていたのは、バーテンダーさんに取材して、オリジナルのレシピを紹介するという内容。企画名も「バーテンダーが作る至極のウイスキーハイボール（仮）」と記載してあって、一冊のうち数十ページを担当するのだろうと考えていました。ところがスケジュールや内容を詰めていくうちに「こ、これは一冊書くということか……どうしよう。ハイボールって普段あまり飲まないし」と焦ります。

バーでも自宅でも、ジントニックとモスコーミュールばかり。ハイボールはいつどこで……と記憶を辿ってみました。すると、意外にも次々とバーやバーテンダーさんが浮かんできたのです。関西方面へ旅行したときに巡った堂島、北新地、祇園、木屋町のサンボア、開店してすぐに伺った銀座と数寄屋橋、浅草のサンボア。横浜に住んでいた時、よくお世話になったオーシャンバー クライスラー。早い時間から時々ふらっと立ち寄っていた銀座BRICK。ウイスキーに傾倒していた頃の自分を思い出して懐かしくなると同時に、今でも大好きなウイスキーに関する本を書きたいという気持ちが沸き上がってきました。そして執筆が終盤に入ると本のタイトルが決まり、昔の上司に連絡をすることに。

「おう、久しぶりだな」

「あの……今度本を出すことになりまして。そのタイトルが『ウイスキーハイボール大全』なんです。“大全”と付くとウイスキーファンは土屋さんを思い浮かべるでしょうから、失礼にあたるのではと出版社にも伝えたのですが」

「そうか、いいんじゃないの。楽しみにしてるよ」

ハイボールがブームになる直前、私はウイスキー評論家・土屋守氏の事務所に入り、愛読書だった『Whisky World』の編集として4年ほど勤めました。ただただウイスキーが好きで門をたたき、数えきれないほどの出会いがありました。ウイスキーファンが増えていくのを肌で感じた嬉しさ、居酒屋のメニューにハイボールの文字を見つけた感動はずっと忘れません。いまは主にカクテルライターとして活動していますが、ハイボールもカクテルのひとつ。このような形でウイスキーに再び携われたことを、とても有難く感じています。本書がハイボールに興味を持って頂くきっかけのひとつになれば幸甚です。

いしかわ あさこ

東京都出身。ウイスキー専門誌『Whisky World』の編集を経て、バーとカクテルの専門ライターに。編・著書に『The Art of Advanced Cocktail　最先端カクテルの技術』『Standard Cocktails With a Twist　スタンダードカクテルの再構築』（旭屋出版）『重鎮バーテンダーが紡ぐスタンダード・カクテル』『バーへ行こう』（スタジオタッククリエイティブ）がある。2019年、ドキュメンタリー映画『YUKIGUNI』にアドバイザーとして参加。趣味はタップダンス、愛犬の名前は“カリラ”。

Photographed by Yasuyo Hirano

ウイスキー ハイボール大全
WHISKY HIGHBALL DICTIONARY

2021年7月30日

STAFF

PUBLISHER
高橋清子　Kiyoko Takahashi

EDITOR
行木　誠　Makoto Nameki

DESIGNER
小島進也　Shinya Kojima

ADVERTISING STAFF
西下聡一郎　Souichiro Nishishita

SUPERVISOR／AUTHOR
いしかわ あさこ　Asako Ishikawa

PHOTOGRAPHER
柴田雅人　Masato Shibata
和智英樹　Hideki Wachi
いしかわ あさこ　Asako Ishikawa

ILLUSTRATOR
高樋亜友子　Ayuko Takatoi

Printing
中央精版印刷株式会社

注意

この本は2021年6月18日までの取材によって書かれています。この本ではハイボールの美味さとハイボールを飲む楽しさを推奨していますが、飲み過ぎると腎臓、肝臓、胃腸、喉頭、頭脳、精神等に不調をきたす場合がありますので、充分にご注意ください。写真や内容は一部、現在の実情と異なる場合があります。また、内容等の間違いにお気付きの場合は、改訂版にて修正いたしますので速やかにご連絡いただければ幸いです。

編集部

PLANNING,EDITORIAL & PUBLISHING
(株) スタジオ タック クリエイティブ
〒151-0051 東京都渋谷区千駄ヶ谷3-23-10 若松ビル2階
STUDIO TAC CREATIVE CO.,LTD.
2F,3-23-10, SENDAGAYA SHIBUYA-KU,TOKYO 151-0051 JAPAN
[企画・編集・広告進行]
Telephone 03-5474-6200　Facsimile 03-5474-6202
[販売・営業]
Telephone & Facsimile 03-5474-6213
URL https://www.studio-tac.jp
E-mail stc@fd5.so-net.ne.jp

STUDIO TAC CREATIVE
㈱スタジオ タック クリエイティブ
©STUDIO TAC CREATIVE 2021 Printed in JAPAN
● 本誌の無断転載を禁じます。
● 乱丁、落丁はお取り替えいたします。
● 定価は表紙に表示してあります。
ISBN 978-4-88393-894-0

2405B